U0224804

香格里拉市野生动物保护管理手册

主　编：韩联宪
副主编：韩　奔　罗　俊　赵建林

香格里拉市林业局

云南出版集团公司
云南科技出版社
·昆　明·

图书在版编目（CIP）数据

香格里拉市野生动物保护管理手册 / 韩联宪等编著.
--昆明：云南科技出版社，2018.5
ISBN 978-7-5587-1405-4

Ⅰ.①香… Ⅱ.①韩… Ⅲ.①野生动物保护-动物保护-香格里拉市-手册 Ⅳ.①S863-62

中国版本图书馆 CIP 数据核字（2018）第 129587 号

香格里拉市野生动物保护管理手册

韩联宪　主编

责任编辑：胡凤丽
叶佳林
唐　慧
封面设计：三人禾文化
责任校对：张舒园
责任印制：翟　苑

书　号：ISBN 978-7-5587-1405-4
印　刷：昆明木行印刷有限公司印刷
开　本：787mm×1092mm　1/16
印　张：9.5
字　数：230 千字
彩　插：40
版　次：2018 年 9 月第 1 版　2018 年 9 月第 1 次印刷
印　数：1~1030 册
定　价：60.00 元

出版发行：云南出版集团公司　云南科技出版社
地址：昆明市环城西路 609 号
网址：http：//www. ynkjph. com/
电话：0871-64190889

编写委员会

主　　任： 杨　林（香格里拉市林业局局长）

副 主 任： 伍文忠（香格里拉市林业局副局长）

成　　员： 韩联宪（西南林业大学教授）

韩　奔（云南省野生动植物保护协会）

罗　俊（香格里拉市林业局野保办）

赵建林（香格里拉市林业局野保办）

主　　编： 韩联宪

副 主 编： 韩　奔　罗　俊　赵建林

编写人员： 高　歌　黄光旭　匡中帆　吴忠荣　杨文军

图片提供： 韩　奔　杨　涛　周世忠　松卫红　黄光旭

侯　勉　张　亮　田　野　韩联宪

前言

香格里拉市位于云南省西北部，地处滇西纵谷地带北段，全市国土面积11613km^2。云岭山脉纵贯，金沙江水绕流，地貌以高山峡谷和高原为主，山高谷深，崎岖陡峭，垂直海拔变化极大。最高点为巴拉格宗雪山，海拔5545m，最低点为洛吉乡吉函金沙江江畔，海拔1503m，两者相对高差达4042m。中甸高原平均海拔3459m。复杂的自然环境，巨大的海拔高差，多样的气候类型，为野生动植物的生存繁衍提供了良好的自然条件，香格里拉市因此成为中国生物多样性最为丰富的热点地区之一。

香格里拉市境内高山针叶林连绵成片，覆盖率高，具有纬度最低，海拔最高的寒温性针叶林区，是滇西北地区在特殊地理条件下形成的顶级森林群落，在维系生态安全和生物多样性方面，具有不可替代的生态服务功能。

依据文献记载和实地调查数据，截至2017年12月，全市记录兽类9目31科115种，鸟类18目52科360种，爬行类1目7科22种，两栖类2目6科16种。其中有国家Ⅰ级重点保护动物云豹、豹、雪豹、林麝、高山麝、黑颈鹤、黑鹳、胡兀鹫、斑尾榛鸡、黑颈长尾雉、白尾海雕、黄喉雉鹑、绿尾虹雉等12种；国家Ⅱ级重点保护动物有猕猴、黑熊、小熊猫、猞猁、岩羊、中华鬣羚、中华斑羚、血雉、白马鸡、红隼、白琵鹭、大紫胸鹦鹉、灰鹤等34种。

为了有效保护香格里拉市的野生动物，政府主管部门先后建立了哈巴雪山、碧塔海、纳帕海3个省级自然保护区和普达措1个国家公园。自然保护区总面积320081hm^2，占全市国土面积的13.4%。为了有效保护生态系统和野生动物，林业系统职工做了大量艰苦卓绝、富有成效的保护工作。

为了让从事自然保护区和野生动物保护管理的有关人员，能从理论上、法律上深入认识自然保护工作的意义，掌握野生动物保护管理的知识和技能。香格里拉市林业局领导班子专门开会讨论，安排编写出版经费，由西南林业大学与香格里拉市林业局野保办从事野生动物保护管理的工作人员合作，共同编著出版《香格里拉市野生动物保护管理手册》。把野生动物保护的历史、现状、法律、保护区巡护、动物监测、动物捕捉与救护、动物肇事管理、动物疫源疫病监测、防范野生动物伤害等相关的知识，结合香格里拉市具体情况汇编成册，正式出版，供相关人员在工作中学习运用。

本书资料来源广泛，有行业的技术规范，有编著者的实践经验，也有来自国外的文献和互联网上的资料。初次编写野生动物保护管理手册，经验不足，时间有限，一定存在很多问题，希望读者多提宝贵意见，以便将来修改完善。

目录

第一章　自然保护区与野生动物保护

第一节　野生动物保护简史

一、世界野生动物保护概况

人类祖先以动物的肉为食，皮为衣，用骨和角制作工具，是低层次的利用，谈不上对动物的保护。远古时代人口稀少，猎捕工具简单，捕杀动物效率低下，不会对野生动物资源造成明显的破坏。

随着火的使用，工具日益改善，人们猎取野生动物的办法越来越多，开始用“焚林而兽，竭泽而渔”等灭绝性方法捕杀动物。捕获效率提高，活捕的动物有时多得暂时吃不完，就饲养起来，畜牧业因此萌芽。人们同时也对动物的生活习性感兴趣，开始观察研究动物生态和行为。

古代人类生产规模小，生产工具原始，活动范围有限，对野生动物及其生活的自然环境没有造成明显的影响，野生动物和人类能在互动过程中保持基本的生态平衡。西方资本主义兴起后出现的工业革命，使人类的活动能力和生产能力大大加强。机器、轮船、火器的普遍运用，对自然环境和野生动物的影响越来越大。欧洲人大规模航海探险，到处殖民，自然资源受到掠夺性的利用与破坏，引出了一系列问题和灾难。

人类对野生动物掠夺性利用，始于15世纪欧洲人大规模航海探险，工业革命时期到了登峰造极的地步。度度鸟、象鸟、旅鸽都是在此期间灭绝的。20世纪30~60年代，由于人口增长和环境破坏，野生动物变得更加濒危。为了拯救野生动物，人类社会出现了保护野生动物和自然环境的运动。

现代人类的一些生产生活习俗也对野生动物资源造成极为严重的损害。毫无控制地捕鲸，用鹭鸟的蓑羽做帽子装饰，几乎使它们绝种。20世纪90年代，西方流行藏羚羊绒编织的沙图什披巾，导致对藏羚羊的血腥盗猎和屠杀。中国农村少数村民使用农药毒鱼、电击捕鱼，对水生生物资源造成极大破坏。各地农村大量使用除草剂，给两栖类动物的生存造成严重的不利影响。

保护野生动物的观念，早在欧洲殖民时期就开始萌芽，当时的有识之士提出应保护某些处于濒危状态的野生动物，敦促政府立法保护它们。一些殖民地制定了保护野生动物和环境的法律。随着时间的推移，保护野生动物的观念逐渐为社会公众所接受，成为很多国家政府的政策，保护野生动物形成了专门学科，成为社会公益事业的重要组成部分。

保护野生动物的主要措施有下列各项：建立自然保护区；颁布保护野生动物的法令；禁止濒危物种的市场贸易；确定需要优先保护的动物种类，编制濒危动物红色名录；对濒危物种进行生态生物学研究，找出受胁因素，提出保护措施；对珍稀濒危物种进行人工驯养繁殖，在野外恢复自然种群；鼓励对有经济价值的野生动物进行人工驯养繁殖，合理利用；对公众开展保护野生动物的环境教育。

二、中国野生动物保护概况

（一）中国古代和近代的自然保护

中国周朝之前，对野生动物以利用为主。周朝执政者制定了一系列的措施，对野生动物进行管理，以便合理地利用。管理措施主要有以下4类：

一是制定颁布保护动物繁殖的法律。规定不准用雌性动物作为祭品。不准毁坏鸟巢，禁止猎杀幼兽、伤害胎兽与雏鸟，不准捕捉幼兽和捡取鸟卵。

二是建立园囿驯养繁殖鸟兽。当时天子诸侯都建有饲养动物的园囿，对野生动物进行饲养繁殖。周文王的灵囿面积方圆70里，饲养各种鹿与鹤。天子诸侯打猎的围场，禁止百姓进入和狩猎，相当于现在的禁猎区，客观上起到保护野生动物的作用。

三是规定了打猎的时间、打猎的方式以及违反后的处理办法。例如规定田猎在秋季进行，不准用火烧的方式田猎。夏天禁止捕鱼。使用合围的捕猎方法，要网开一面，让部分动物可以逃生。

四是设立专门的行政管理制度和人员管理野生动物及其市场。例如管理猎狼、猎鹿及进贡这些物品的“兽人”，管理捕鸟的“罗氏”等十余种管理人员和官职。出售的动物规定要符合相关规格才可以上市。

随后，各个朝代沿用周朝这套制度管理自然资源和野生动物，有的朝代进行了修改补充，以适应当时的社会情况。近代和现代，中国野生动物的保护和利用制度受到破坏，出现如下问题：

（1）大量捕猎利用野生动物：清朝的王公贵族喜吃野味，铺用兽皮，以鸟类羽毛作为官阶标识。加上人口移动和增长等原因，对野生动物利用强度极大。很多动物数量锐减，分布区急剧缩小。长臂猿、亚洲象、绿孔雀在此期间分布区急剧向南方收缩。

（2）保护管理工作薄弱瘫痪：晚期的清朝政府，腐败无能，内忧外患，国土都保不住，更谈不上保护野生动物。民国二十二年曾颁布狩猎法，规定每年狩猎期为11月1日到翌年2月底。但因军阀连年混战，日本军国主义侵略中国的情况下，难以执行，并未扭转野生动物的厄运。

（3）科研工作极为薄弱：清朝闭关锁国，谈不上发展科学技术，当时在中国从事博物学采集和研究的人员，全是西方的探险家和传教士。清末民初，中国野生动物的论文报告和专著，作者均是外国人。20世纪20～30年代，从海外留学归来的中国学者，开始对中国的野生动物进行调查研究。

（二）中华人民共和国的野生动物保护

中华人民共和国成立后，经历了从利用到保护野生动物的过程，政府和主管部门做了如下工作：

（1）开展动物资源调查：20世纪50~60年代，开展了一系列的野生动物资源调查，收集了野生动物资源基础资料，出版了研究报告和科学著作。

（2）建立了野生动物管理制度：1956年颁布的《全国农业发展纲要》提出：“从

1956年起，在十二年内，在一切可能的地方，基本消灭危害山区生产的最严重的兽害，保护和发展有经济价值的野生动物。”这种提法在今天来看，违背科学规律，导致当时对野生动物的大量捕杀。那个年代，各地出现了许多打猎队和打猎英雄。加上“大跃进”和“大练钢铁”等急躁冒进的经济活动，毁灭了大面积的天然森林，破坏了野生动物的生存环境。1960~1962年的困难时期，食物匮乏，各地开展生产自救，野生动物成为大家捕捉的食物，野生动物资源遭到极其严重的破坏。

1958年，国务院批示由林业部主管全国狩猎事业。林业部提出了“护、养、猎并举”的方针，对有经济价值的动物，例如林麝、高山麝、大灵猫、小灵猫、梅花鹿、马鹿、水鹿开展了驯养繁殖。20世纪80年代，随着自然保护区的大量建立，相关法律的制定和颁布，保护野生动物成为国家政策。

(3) 完善加强野生动物的保护研究：20世纪80年代，中国开始对珍稀濒危野生动物开展生态学、行为学、保护学的保护研究。

现在，中国共产党的十八大和十九大会议，把生态文明建设列入中国特色社会主义建设总体布局，提出建设美丽中国，实现中华民族永续利用发展的通体要求，保护环境和生物多样性成为我国的基本国策。

三、生物多样性保护

(一) 保护生物多样性的迫切性

当今世界存在人口、资源、环境、粮食、能源五大危机，人类数量爆炸式增长，经济活动加剧，掠夺性使用自然资源，导致地球生物多样性急剧丧失，生物多样性保护出现了空前的紧迫性。上述五大危机的出现与解决，均与保护地球上的生物多样性密切相关。

单以物种灭绝而论，1600年以来，世界上有21%的兽类、13%的鸟类已经灭绝，其中99%的物种灭绝是因人类活动所致。人类造成的物种灭绝速度是自然灭绝速度的100~1000倍。根据最保守的估计，地球上至少有10%的物种正在面临生存威胁。一旦某种生物灭绝，永远消失，将无法弥补。每当地球上失去一个物种，人类就失去一项对未来的选择。有学者提出，保护生物多样性就是保护人类赖以生存的基础。

(二) 中国生物多样性保护研究概况

中国在改革开放初期，对生物多样性保护认识不足，忙于经济建设。20世纪80年代开始抢救性地建立自然保护区，随后开展了多项与生态和生物多样性保护有关的工程。例如：三北防护林、长江中上游防护林、珠江中上游防护林、天然林保护、生态公益林建设等。

1990年，中国科学院成立生物多样性工作组，成立生物多样性委员会，国家设立了环境保护委员会，1993年制定《中国生物多样性保护行动计划》，翻译出版了一系列有关生物多样性的学术著作，随后开展了系列保护工程。例如湿地恢复治理、天然林保护工程、生态公益林保护、极小种群保护、生物多样性示范监测、分县域生物多样性现状调查试点、国家级自然保护区能力建设等。

1992年在巴西里约热内卢召开的世界环境发展大会，100多个与会国签署了《生物多样性公约》，中国也签署了该公约。随后，中国将生物多样性保护纳入国家经济计划，开展了各种保护生物多样性的活动。制定了《中国生物多样性保护战略和行动计划》，并要求各省制定本省的生物多样性保护战略和行动计划。

第二节 自然保护区与国家公园

一、世界自然保护区概况

自然保护区是人类为解决自身经济活动对野生动物和环境造成破坏，采取的补救措施。19 世纪 70~80 年代，就有人提出建立保护区，保护受到威胁的罕见的自然景观以及濒临灭绝的动植物。

德国博物学家汉伯特首倡建立自然纪念地。美国政府 1864 年为保护美洲红杉，将加利福尼亚的约瑟米提山谷指定为保护区。1870 年，美国人科内纽斯·黑基和其他探险队员在怀俄明州黄石高原的篝火边讨论，要让这一地区独立出来变成一个大的国家公园，让所有的人和子孙后代都能欣赏大自然的壮观美丽。美国国会在 1872 年通过决议，建立了世界上第一个国家公园——黄石国家公园。

建立国家公园来保护自然的模式，逐渐传播到世界各地。20 世纪 20 年代，世界各大洲相继建立了国家公园。

人类掠夺式的开发利用自然资源和野生动物，导致了自然资源危机。同时，鉴于生物圈受到严重的污染和破坏，人类建立了一个新的概念——保护自然环境和生物多样性。1972 年在巴黎召开的联合国教科文组织 17 届大会，一致认为自然保护是人类环境保护的重要组成部分。同年，联合国在瑞典斯德哥尔摩召开了第一次人类环境会议，讨论签订了自然保护公约。国际自然保护联盟（IUCN）、世界自然基金会（WWF）、人与生物圈计划（MAB）、联合国环境规划署（UNEP）等国际性组织先后建立。自然保护区和国家公园成为各国保护生态系统和保护野生动植物的主要手段和途径。建立自然保护区是目前生物多样性保护最为有效的方法。

而自然保护区的建设和保护实践也证明它能相对有效地保护生态系统的功能，保护生物多样性不受破坏，保护珍稀濒危特有物种。

自然保护区和国家公园是实施野生动物就地保护的最佳方式。20 世纪 20 年代以来，发达国家和发展中国家，均加大了自然保护区建设力度，受保护面积和对象越来越多。世界上发达国家建立的自然保护区和国家公园数量较多，所占国土面积比例较高。

二、世界自然保护区发展趋势

（一）数量增加，面积扩大

据联合国有关机构统计，近年来随着各国自然保护区的数量增加，目前发达国家自然保护区面积占到本国国土面积的 15%左右，所有的自然保护区面积占到全球陆地面积的 6%。但是严格保护的科学保护区和国家公园类型的保护地，仅占地球表面的 2%。格陵兰国家公园是世界上最大的国家公园，总面积为 70 万 km^2，除去这个巨大公园，地球表面仅 1.6%才是严格意义的保护区。

（二）性质和用途越来越多，趋向综合化

从森林自然保护区到草原、荒漠、沼泽、湖泊、海岛、港湾等多种类型的自然保护区；从专为保护野生动植物建立的自然保护区到科研、教学、旅游、生产相结合的综合自然保护区；从保护自然生态的自然保护区，发展到城市、农田、工矿等人工和自然相结合的保护区，自然保护区的理论和实践迅速进入生命系统和环境系统的不同空间。

（三）现代科学技术得到广泛运用

许多国家在自然保护区管理中运用航天、航空、遥感、红外线自动摄影、无线电追踪、无人机监控、远程自动监控等技术，开展清查资源、护林防火、监控盗猎、研究动植物的分布变化规律。

三、自然保护区与各种保护地

（一）自然保护区的定义与分类

国际自然保护联盟下设的国家公园和自然保护区委员会（CNPPA/IUCN）给保护区下的定义："保护区是保护和维持生物多样性、自然和相关文化资源的一片陆地和（或）海洋，并通过法律和其他有效方式进行管理。"

中国学者薛达元等人对自然保护区下的定义："受到人为保护的特定自然区域。"特定区域概念是指具有科学、经济、文化、娱乐等价值的自然景观地域；人为保护的概念是指政府、团体、个人采取措施，保护某些特定区域避免或减少人类活动的破坏和影响。

1993年颁布的中华人民共和国国家标准——《自然保护区类型与级别划分原则》（GB/T14529-93）明确指出："所称自然保护区，是指国家为了保护自然资源和环境，促进国民经济的持续发展，将一定陆地和水体的面积划分出来，并经各级政府批准而进行特殊保护和管理的区域。"

国际自然保护联盟属下的保护区与国家公园委员会于1984年指定一个专家组，修改保护区的分类标准，经过多次讨论和完善，1993年形成了"保护区管理类型指南"，将保护区类型确定如下6种：①自然保护区/荒野区；②国家公园；③自然纪念地；④生境/物种管理区；⑤受保护的陆地景观/海洋景观；⑥受管理的资源保护区。

保护区管理类型指南不仅解释了6种保护区名称的含义，同时还规定了各类型保护区的管理目标和指导原则。这个分类标准在世界各国仍有分歧和争议，但国际自然保护联盟通过为保护区划分类型，强调保护区的类型要以保护目标为分类依据。

（二）中国自然保护区定义与分类

1956~1958年，中国先后建立了广东鼎湖山、福建万木林、云南勐养和勐腊、黑龙江丰林等自然保护区，它们都是森林类型的自然保护区。随着自然保护区数量的增加，保护区的保护对象也由森林类型扩大到森林、野生动物和野生植物类型。

1993年，国家环保局批准了《自然保护区类型与级别划分原则》，并设为中国的国家标准。该分类根据自然保护区的保护对象，将自然保护区分为3个类别9个类型。

第一个类别是自然生态系统类，包括森林生态系统类型；草原与草甸生态系统类型；荒漠生态系统类型；内陆湿地和水域生态系统类型；海洋和海岸生态系统类型5个类型。

第二个类别是野生生物类，包括野生动物类型和野生植物类型。

第三个类别是自然遗迹类，包括地质遗迹类型和古生物遗迹类型。

按照批准建立的级别来分，中国的自然保护区分为国家级、省区级、市州级和县级自然保护区。目前，中国自然保护区的分类只是按照保护对象划分，而没有按照管理类型划分，因此与 IUCN 的划分标准和世界大多数国家类型划分有很大的不同。国内一些专家学者和自然保护区主管部门已开始研究和讨论按照管理类型来划分中国的自然保护区。

（三）其他类型的保护地

在中国，还有许多具有自然保护性质的保护地，例如：国家森林公园、国家湿地公园、自然风景名胜区、自然保护小区等；民间的寺庙、道观、神山、风水林等，受到传统文化习俗的有效保护，通常称为自然圣境。最近，一些环境保护机构和基金会，与当地政府主管部门合作，探索与地方村民共同建立民间的自然保护小区。

第二章　野生动物保护法律

用法律规范人们对野生动物的行为，是野生动物保护的主要措施之一。很多国家都制定了本国的野生动物保护利用的法律，管理本国的野生动物资源。如英国的獾法案、海豹法案，美国的鸟类迁徙保护法。美国从1906年开始，先后颁布了遗迹保留法、原始地域法、濒危物种法、野生动植物保护条例等，在内政部设立国家公园局以及鱼类和野生动物管理局，负责野生动物的保护管理工作。加拿大在环境部设立国家公园管理局，统管全国各地的国家公园。日本、法国、瑞士、瑞典等国在环境部下设立自然保护局，主管全国自然保护工作。几乎所有国家都明确一个或几个部门主管自然保护区、国家公园和野生动植物的保护管理工作。

第一节　国际保护野生动物法律

一、法律起源

人类对野生动物资源利用强度越来越大，一些国家对公海中的动物，或者跨国界迁移的动物进行大规模开发利用，因为是共有资源，所以利用强度更大，导致资源枯竭，受危物种和灭绝物种不断增多。人们意识到资源枯竭的严重性，同时也因不断深入了解野生动物种群的动态和习性，对整个生态系统的功能，人类在自然界的作用有了更深入的认识和了解，开始站在保护资源的高度上认识问题。19世纪末和20世纪初，美国与加拿大、墨西哥签订了国际间的动物保护法律。

国际条约大量涌现和效力增加，出现于20世纪60~80年代。国际上重要的保护生物多样性的条约有40多个，为公众所熟悉的有“国际捕鲸规则公约”“南极海洋生物资源保护公约”“国际重要湿地特别是水禽栖息地公约”“关于保护世界文化和自然遗产公约”“濒危野生动植物种国际贸易公约”。

二、法律特点

地球是一个整体，各部分互相联系、影响、制约。大气、尘暴、水、迁徙动物、鱼类不受国界限制，需要有关国家共同保护。地理上有很多两国或多国共同拥有的自然环境，如界河、界湖、界山或国际共管河流，必须由有关国家共同制定规定一起遵守。属于人类共有的环境资源，如公海的鱼和鲸，南极北极，更需要各国保护。

国际环境保护法的特点是其行为主体为国家，由国家政权独立自主承担国际法规定的权利和义务。这类法律具有很强的公益性和普遍性。保护环境和自然资源是为了全人类的共同福利和利益，是全人类的共同事业。与其他法律相比，它具有很强的科学技术性。这是因为环境污染、生态破坏、资源枯竭、物种灭绝及其对人类生存环境和经济发展的影响和危害有一定的规律和演变机制，而保护和防治也需要遵循科学规律并利用先进技术，这些需要在具体条款中或附件中体现，有些国际环境法还专门制定了具体的技术规程。国际环境法的最终目的是要协调人与自然的关系，扭转人类长期以来以征服者、统治者自居，无节制地向自然索取的错误观念，转变为顺应自然规律，克制某些欲望，坚持可持续地利用自然资源的新观念。

三、重要的国际野生生物法

（一）生物多样性公约

联合国环境规划署主持制定，1992 年在巴西里约热内卢召开的联合国环境与发展大会期间签署，已有 160 多个国家签署加入。中国于 1992 年 6 月 1 日签署，1992 年 11 月 7 日批准生效。

（二）濒危野生动植物种国际贸易公约

考虑到野生动植物国际贸易对野生动物的危害和影响，1963 年世界自然保护联盟呼吁制定一个国际公约，控制稀有濒危物种及其产品的贸易，最后形成“濒危野生动植物种国际贸易公约”（又称华盛顿公约，简称 CITES）。该公约于 1973 年 3 月 3 日在华盛顿召开缔约大会向世界各国开放签字，1975 年 7 月 1 日生效，已有 128 个国家签署该公约。中国于 1980 年台湾退出联合国后加入该公约，1981 年向公约保存机构瑞士联邦政府递交加入书，同年 4 月 8 日起该公约对中国生效。

该公约宗旨是通过国际合作，采取许可证制度保护濒于灭绝危险的野生动物和植物，使其不因国际贸易遭到过度开发利用。该公约控制 3 个附录中的野生动植物国际贸易。

（1）列入附录Ⅰ物种（包括标本、产品及衍生物），缔约国间合法贸易只能用于非商业贸易目的。

（2）列入附录Ⅱ物种，原则上可进行国际间商业贸易，但不能危及该物种的生存和持续利用。

（3）列入附录Ⅲ物种，该物种分布的任一缔约国都可以提出限制或防止其开发利用，并需其他缔约国合作控制其贸易活动。

（三）关于特别是作为水禽湿地的国际重要湿地公约

国际水禽局（IWRB）1971 年 2 月 2 日在伊朗拉姆萨尔通过该公约，1975 年 12 月 21 日生效，现有 80 个缔约国。中国 1992 年 2 月 20 日递交加入书，同年 7 月 31 日生效，中国现有多个湿地保护区被列入国际重要湿地名录。该公约宗旨承认人与环境的相互依存关系，通过协调一致的国际行动，确保作为众多水禽栖息繁衍的湿地得到良好保护。

（四）保护野生动物迁徙物种公约

为保护生活在公海或在国家间迁徙的物种，1979 年 6 月 23 日在德国波恩诞生了该公约，于 1983 年 11 月 1 日生效，有 50 多个国家加入，39 个国家批准缔约。其宗旨是保护迁徙物种，并严格保护整个或大部分面临灭绝危险而列入附件一的迁徙物种，鼓励并促进就保护管理附件二所列迁徙物种使缔约国间达成协议。附件一迁徙物种的分布国应禁止捕捉该种动物，除非是为科学研究或繁殖和恢复种群的目的，或者传统上就以猎取该物种维持生存的。捕捉时不得造成相关种的破坏，并要就此通知公约秘书处。附件二包括尚未受到良好保护并需要通过国际协定予以保护和管理的迁徙物种（必要时可同时列入附件一），并要求分布国全力达成保护这些物种的协议。

（五）其他国际公约

其他有关保护野生动物的公约还有“保护南极海洋资源公约”“保护南极海豹公约”“西半球自然保护和野生生物保护公约”“保护自然和自然资源非洲公约”“保护欧洲野生生物和自然环境公约”“保护北极熊协定”“欧洲经济共同体委员会关于保护野生鸟的指令”“保护骆马公约”“联合国海洋法公约”。

第二节　中国野生动物保护法律

一、法律概况

中国是世界上出现环境保护思想和法律规定最早的国家。公元前3世纪大思想家荀况在其《王制》中就有“草木荣华滋硕之时，则斧斤不入山林，不夭其生、不绝其长也；鼋鼍鱼鳖鳅孕别之时，网罟毒药不入泽，不夭其生、不绝其长也；……污池渊沼川泽，谨其时禁，故鱼鳖尤多，而百姓有余用也；斬伐养长不失其时，故山林不童，而百姓有余食也”的论述。公元200多年前的秦代法律《田律》就规定：春天二月禁止到山林砍伐木材，禁止堵塞河道；不到夏季，禁止烧草作肥料，禁止采集刚发芽的植物，捕捉幼兽雏鸟，禁止采集鸟卵，禁止毒杀鱼鳖，禁止用陷阱和网捕捉鸟兽，到7月解除禁令。但在近几百年的历史进程中，中国现代环境保护立法，大大落后于发达国家。中国有关环境和野生动物保护的立法，在20世纪80年代以后才逐步完善。

二、野生动物保护法律

中国宪法第九条中规定“国家保障自然资源的合理利用，保护珍贵的动物和植物。禁止任何组织或者个人用任何手段侵占或破坏自然资源”。

中国与环境和野生动物有关的法律可以分为环境保护基本法、野生生物海洋环境保护法、野生生物陆地栖息环境保护法、保护区管理法、野生生物物种保护法5类。

属于环境保护基本法的是“中华人民共和国环境保护法”，1989年颁布并实施。修订后的环境保护法于2015年1月1日起实施。

属于海洋环境保护法的是“海洋环境保护法”，1982年8月23日颁布，1983年3月1日起实施。

属于野生生物陆地栖息环境保护法的有“中华人民共和国农业法”“中华人民共和国土地管理法”“中华人民共和国水土保持法”“中华人民共和国森林法”“中华人民共和国草原法”。

属于保护区管理法的有“中华人民共和国自然保护区条例”“风景名胜区管理条例”。

属于野生生物物种保护法的有“中华人民共和国野生动物保护法”“中华人民共和国渔业法”“中华人民共和国进出境动植物检疫法”“植物检疫条例”“家畜家禽防疫条例”“野生药材资源保护管理条例”。

三、中国野生动物保护法

“中华人民共和国野生动物保护法”于1988年11月8日公布，1989年3月1日起施行。为有效地实施该法，中国于1992年3月1日和1993年10月5日分别发布了“中华人民共和国野生动物保护实施条例”“中华人民共和国水生野生动物保护实施条例”。“中华人民共和国野生动物保护法”于2016年7月完成修订程序，2017年1月1日起施行。

制定野生动物保护法的目的是保护野生动物，拯救珍贵、濒危野生动物，维护生物多样性和生态平衡，推动生态文明建设。

野生动物保护法在总则中规定：野生动物资源属于国家所有。国家保障依法从事野生动物科学研究、人工繁育等保护及相关活动的组织和个人的合法权利。

国家对野生动物实行保护优先、规范利用、严格监管的原则，鼓励开展野生动物科学研究，培育公民保护野生动物的意识，促进人与自然和谐发展。

国家保护野生动物及其栖息地。县级以上人民政府应当制定野生动物及其栖息地相关保护规划和措施，并将野生动物保护经费纳入预算。国家鼓励公民、法人和其他组织依法通过捐赠、资助、志愿服务等方式参与野生动物保护活动，支持野生动物保护公益事业。

任何组织和个人都有保护野生动物及其栖息地的义务。禁止违法猎捕野生动物、破坏野生动物栖息地。任何组织和个人都有权向有关部门和机关举报或者控告违反本法的行为。野生动物保护主管部门和其他有关部门、机关对举报和控告，应当及时依法处理。

各级人民政府应当加强野生动物保护的宣传教育和科学知识普及工作，鼓励和支持基层群众性自治组织、社会组织、企业事业单位、志愿者开展野生动物保护法律法规和保护知识的宣传活动。

国家对野生动物实行分类分级保护。县级以上人民政府野生动物保护主管部门，应当定期组织或者委托有关科学研究机构对野生动物及其栖息地状况进行调查、监测和评估。

第三章　香格里拉市野生动物

香格里拉市位于中国西南横断山区中部，属于中国西南地区生物多样性丰富的热点区域。境内生态环境保存完好，野生动物种类繁多，其中有很多特有种类和国家重点保护动物。

第一节　兽　类

通过整理历年在香格里拉市开展的科学调查文献资料，截至 2017 年 12 月，香格里拉市记录兽类 9 目 31 科 115 种。其中国家Ⅰ级重点保护兽类有云豹、金钱豹、林麝、高山麝 4 种；国家Ⅱ级重点保护动物有猕猴、中国穿山甲、豺、棕熊、黑熊、小熊猫、石貂、黄喉貂、水獭、大灵猫、斑林狸、金猫、猞猁、水鹿、中华鬣羚、中华斑羚、岩羊等 17 种。云南省省级重点保护动物有狼、云猫、毛冠鹿 3 种。被《中国脊椎动物红色名录》列入极危的有林麝、高山麝、金猫、云豹 4 种，列入濒危的有金钱豹、雪豹、猞猁、豺、水獭、石貂 6 种，列入易危的有猕猴、黑熊、棕熊、小灵猫、大灵猫、小熊猫、黄喉貂、中华鬣羚、中华斑羚 9 种。

第二节　鸟　类

通过整理综合历年在香格里拉市开展的科学调查的资料记录，截至 2017 年 12 月，香格里拉市记录鸟类 18 目 52 科 360 种。其中国家Ⅰ级重点保护鸟类有斑尾榛鸡、黄喉雉鹑、黑颈长尾雉、绿尾虹雉、黑颈鹤、东方白鹳、黑鹳、玉带海雕、白尾海雕、金雕、胡兀鹫等 11 种；国家Ⅱ级重点保护动物有白琵鹭、大天鹅、鸳鸯、黑鸢、草原雕、雀鹰、松雀鹰、褐耳鹰、大鵟、普通鵟、毛脚鵟、秃鹫、高山兀鹫、白尾鹞、蛇雕、鹗、游隼、灰背隼、红隼、血雉、红腹角雉、白马鸡、勺鸡、白腹锦鸡、灰鹤、楔尾绿鸠、大紫胸鹦鹉、灰头鹦鹉、雕鸮、短耳鸮、灰林鸮、白腹黑啄木鸟 32 种。云南省省级保护动物有赤麻鸭、斑头雁、灰雁 3 种。

《中国脊椎动物红色名录》列入濒危的有东方白鹳、绿尾虹雉、玉带海雕、白肩雕 4 种；列入易危的有黑鹳、白尾海雕、大鵟、草原雕、金雕、黄喉雉鹑、黑颈长尾雉、黑颈鹤、大紫胸鹦鹉 9 种。自然分布仅限于中国和主要分布区位于中国境内的特有鸟类 22 种。

第三节　两栖爬行类

记录两栖类和爬行类动物 36 种，其中两栖类 16 种、爬行类 20 种，没有国家Ⅰ级和Ⅱ级重点保护种类，眼镜王蛇为云南省省级重点保护动物。所记录的两栖类和爬行类均为国家保护的有益的或者有重要经济、科学研究价值的“三有”野生动物，其中被《中国脊椎动物红色名录》列入濒危的有王锦蛇、眼镜王蛇、黑眉锦蛇和双团棘胸蛙4种，被列入易危的物种有山溪鲵、黑线乌梢蛇2种。

第四节 保护成效与问题以及措施

一、保护成效

香格里拉市境内建有哈巴雪山、纳帕海、碧塔海自然保护区和普达措国家公园，在保护野生动物及其栖息生境起到了积极的作用。近年来的退耕还林、天然林保护措施、湿地生态补偿等工作，从不同角度促进了野生动物保护。

香格里拉市人口密度为全省人口密度最低的地区，市内主体民族为藏族，信奉佛教、崇尚众生平等。当地群众因宗教信仰，在居住地附近划定了部分神山，非法偷猎情况在神山极少发生，在一定程度上保护了野生动物的繁衍生息。

由于强化了对野生动物的保护，部分种类的野生动物种群数量增多，猕猴数量有明显增加，黑熊在各地出现频率增长，狼和野猪的种群数量也有所增加。

为保障在纳帕海越冬的国家Ⅰ级保护动物黑颈鹤的越冬食物，2001年以来，由迪庆州财政补贴，对黑颈鹤实施投食，保证了黑颈鹤等越冬水禽的安全过冬，黑颈鹤种群数量由保护区建立时的61只，增加到现在的350~450只。在纳帕海越冬的黑鹳、白尾海雕、草原雕、斑头雁、各种野鸭的种群数量也在逐年增长。

每年爱鸟周和野生动物保护宣传日以及重大节日，香格里拉市林业局保护办、自然保护区管理所均会向社会公众宣传保护鸟类和野生动物的知识，增强群众的生态保护意识，提高群众保护野生动物的自觉性。

二、问　题

香格里拉市在保护野生动物取得成绩的同时，也存在以下一些问题：

（一）栖息地干扰增加，质量下降

香格里拉市近年来随着旅游升温、经济发展、开矿和公路建设、牧场家畜过载等因素，使野生动物栖息地面积减少，生境质量下降。目前，香格里拉市境内绝大多数地区放牧仍以自然散放为主。散放家畜增加了人为干扰，家畜与野生动物争夺食物和栖息空间。

每年春夏季节，当地群众采集虫草、药材、蘑菇和野菜，在山野之中的活动较为频繁。每年7~9月，当地群众上山采集松茸和蘑菇，满山遍野四处寻找，对生态环境干扰影响很大。人为采集活动不仅对野生动物干扰较大，也导致野生动物食物大量减少。

铁路公路建设、牧场家畜过载等原因，使野生动物栖息地面积减少，栖息生境斑块化、碎片化。在人为活动较多的调查样区，野生动物实体及其活动痕迹遇见率很低。

（二）非法偷猎依然存在

虽然香格里拉市林业部门和森林公安采取了多种措施，打击非法盗猎销售野生动物，但是非法偷猎野生动物的违法行为依然存在。边远地区公路沿线饭店售卖野生动物，人为活动较少的某些森林中，仍然有不法分子布设捕捉动物的活扣，发生多次捕捉山溪鲵作为药材出售的案例。

（三）野生动物肇事案件增加

随着野生动物栖息地减少和生境质量下降，当地群众因生产活动进入山野林区越来越频繁，黑熊、狼与人类之间的冲突有加剧趋势，当地居民常有人被黑熊攻击受伤甚至死亡。据了解，近十年香格里拉市发生人熊冲突高达 18 起。对于野生动物肇事的补偿，目前采取商业保险方式处理。但被动补偿效果不佳，群众主动防范意识差。如果不改变放牧模式和提高公众的防范意识，依然不分昼夜将家畜散养于山野牧场，即使投入再多的资金也不能解决野生动物肇事问题。

（四）旅游对野生动物带来负面影响

香格里拉市一直是云南旅游的热点区域，最近十多年，游客大幅增加，对生态环境的压力逐渐显现。例如，纳帕海、碧塔海、哈巴雪山等省级自然保护区，均有部分区域开放旅游，游客因摄影对鸟类造成的干扰时有发生，鸟类和其他野生动物容易误食游客丢弃的垃圾引起生病和死亡事故。此外，游客大声喧哗不仅影响旅游环境质量，也干扰了包括鸟类在内的野生动物正常活动。

三、改进措施

（一）加大执法力度，依法打击非法猎捕和销售野生动物行为

森林公安应加大查处非法猎捕、销售野生动物的力度。保护区和林业工作人员应对野生动物活动区域加大巡查力度，定期或不定期进入林区清理活扣。加强对外来施工人员保护野生动物的宣传力度。

（二）规范游客行为

在保护区、国家公园和旅游景区规范游客行为，在野生动物活动较多的区域，应在旅游高峰期间设立监督岗，加大巡查力度，对违规游客进行劝导，及时清理游客丢弃的垃圾。

（三）探索建立新的林下非木材林产品采集规则

由相关部门对采菌和挖药林区进行限制或轮换采集，减少当地群众活动频度，减缓人为干扰对野生动物的影响，保护自然环境和野生动物。

（四）采取主动措施减缓野生动物肇事

香格里拉市传统习惯是将家畜自由散放野外，这种放牧方式比较容易遭到野生动物捕杀。当地群众主动防范意识较差，寻找失踪家畜容易遭到熊的攻击。建议主管部门通过示范培训等方式，加强防范熊、狼等野生动物对人的伤害宣传和培训，提高村民主动防范意识。改变放牧模式，夜间将动物收圈关养。在高山牛场修建永久性牛圈，夜间将牛赶回牛圈，避免被野生动物捕杀。

第四章　自然保护区巡护

巡护是自然保护区日常管理工作的重要组成部分，是管护员和社区护林员最主要的日常工作，主要目的是了解自然保护区的人员进入数量和干扰类型以及强度，收集动物分布格局和生境变化等情况。

第一节　巡护的作用和类型

一、巡护的作用

巡护是自然保护区资源保护管理的一项重要工作，是保护区资源管护人员和社区护林员的日常工作之一，主要任务是记录非法进入保护区的人员在保护区内偷伐、偷猎和蚕食保护区土地的证据。巡护工作实质是社会管理工作，重点针对自然保护区周边社区的居民群体。如何协调社区关系是巡护工作中的重要内容。

巡护工作既要做保护区的资源管护，也要做“人”的工作，获得当地社区群众支持。巡护人员不仅应该具备扎实的专业技术知识，能运用社会学的观点方法去解决问题，向当地群众宣传自然保护的知识，协调村民与保护区的关系，培养群众自然保护意识。

二、巡护类型

保护区的巡护可分为日常巡护、专项巡护和武装巡护。日常巡护是最常见的巡护类型，即巡护人员定期对保护区进行巡视，记录保护区是否受到非法进入者的破坏干扰；专项巡护则是针对特定目的，组织进行的巡护，如专项检查非法进入保护区人员对竹笋的采集情况；武装巡护属于特殊的巡护类型，其形式为保护区巡护人员、森林警察和森林武警等武装人员共同组成巡护队伍，为打击偷猎分子专门进行的巡护类型。

第二节　巡护常用工具

一、罗盘仪

罗盘仪又叫作指南针，用于确定方向，为地形图定位，进行直线或导线测设。罗盘仪的主要构件有磁针、刻度盘、瞄准镜和量距器。磁针位于刻度盘中心的顶针上，可以灵活转动，磁针静止时始终指向两磁极。刻度盘盒旁有杠杆或按钮，可以固定磁针。刻度盘一般刻有1°或30′的分划，多数罗盘仪方位角顺时针排列，北为0°，东为90°，南为180°，西为270°。瞄准镜用于测定目标物的磁方位角，量距器用于在地形图上量出两点间的曲线距离。

用罗盘测定方位角时，用双手将罗盘捧在胸前，双臂紧靠身体，保持罗盘水平稳定，使用罗盘上的瞄准装置对准备目标物测取方位。高压电线、汽车、电话线、钢铁工具如枪支、刀斧均会影响罗盘的正确读数，某些含有铁矿的地质构造也会影响罗盘指示正确方向。实际使用中要注意排除这些影响因素，不要太靠近电线、汽车和铁质工具使用罗盘。

罗盘的测距器用来在地形图上测取曲线的实际距离，有五万分之一和十万分之一 2 个刻度，把滚轮在地形图上沿道路、河流、等高线滚动，刻度盘上的指针也随着转动，根据地图比例尺和刻度盘指针的位置就可读出两地间实际距离。

手机里均有电子罗盘应用软件，可以直接用手机电子罗盘对准需要测量方位角的物体，从手机屏幕上读出方位角。

二、GPS 卫星定位接收机

GPS 是 Receiver of global positioning system 的简称，即全球定位系统，其接收仪也称卫星定位接收仪，简称 GPS。GPS 是依靠接收卫星发射的信号来确定位置的。GPS 接收机接收到 3 个以上的卫星同时发出的信号时，能根据信号发射时间和接收到信号的时间差，计算出使用者和每颗卫星的距离，然后根据彼此的不同距离来确定本身的位置。便携式 GPS 接收到的所有信息都显示在 LCD 屏幕窗口上。

GPS 体积小，定位导航准确，越来越多的野外研究和自然保护管理在使用 GPS。GPS 巡护中的主要作用是记录巡护样线轨迹，发现动物的位点的地理坐标和海拔。现在手机中均有 GPS 定位芯片和软件，很多巡护工作正在使用手机替代 GPS 的功能。

三、望远镜

（一）望远镜的种类和特点

望远镜是巡护和监测经常用到的基本器材，有双筒望远镜和单筒望远镜 2 种。双筒望远镜特点是体积小、重量轻、视野宽、操作方便。双筒望远镜镜身上刻有技术数据，如 7×35、8×30、10×50；7. 2°，前面的数字代表倍数，表示望远镜的放大能力。例如一只距离 80m 的鸟，用 8 倍望远镜观看就像在 10m 处看到一样。后面的数字代表物镜的直径，直径越大，进光量越多，观看时就越明亮。7. 2°表示望远镜的视角宽度。在森林里巡护和观察野生动物，选择 7~10 倍，物镜直径 30~50mm，视野角度 7°~9°的双筒望远镜比较适用。

单筒望远镜放大倍数高，适合在空旷开阔的地区使用，或专用于动物行为研究观察。它通常要固定在三脚架上使用，操作不如双筒望远镜迅速方便，不便携带。

（二）望远镜使用方法

（1）调节瞳孔间距：每个人两眼瞳孔间距不同，使用望远镜前要先调节目镜宽度，使之与使用者瞳孔间距相符。将两镜筒向下扳折，通过目镜看到的左右两个圆形视野重叠为一个，表明瞳孔间距已调好。

（2）调校视差：有些人两眼视力不同，需要调整望远镜使之适合使用者的视差。先闭右眼，单用左眼通过望远镜看选定的远处有清晰线条的物体，转动位于两镜筒间的中央调焦环至目标看得最清楚为止。随后闭左眼，换右眼看，同时调节右目镜上的视差调节环，直至目标最清楚为止。这时，望远镜已按使用者的视力调节完毕。记住右目镜上视差调节环的刻度位置，并在使用中让其保持在这个位置。如果使用者两眼视力相同，只需将右目镜的视差调节环调整到“0”刻度即可。

（3）找准目标：刚开始使用望远镜的人，举起望远镜观察经常找不到观察目标在哪儿。这是因为望远镜视野较人眼视野小，人眼很容易看见的目标，通过望远镜不一定能找到。可以用下面两种办法来找到目标：

参考目标法：用眼看一下动物所在位置，附近是否有突出的物体，如一截枯树干，一块大岩石，把这些作为指示物，记住它们与动物的相关位置，先用望远镜找到指示物，再循其与动物的位置找动物，很快就能找到。

视线锁定法：视线紧盯住动物不要移动，双手平直地举起望远镜，靠近眼前观看，此时，目标应就在视野内。该法在近距离或突遇距离很近且移动迅速的目标很管用。能熟练使用望远镜的人，都是用这种方法观察。

（4）正确使用：用望远镜观察动物，立姿举镜观察时上臂略收，贴靠胸前，小臂略呈“八”字形，避免两臂颤动，可利用依托物支撑；坐姿举镜观察时可将两肘放在膝盖上，增加稳定性。使用望远镜要注意保持正确的接额位置，让望远镜目镜的橡皮圈紧贴眼窝上部。戴眼镜者用望远镜观察，应先将目镜上的橡皮遮光圈向外翻平，观察时将目镜紧贴在眼镜的玻璃上。不要用望远镜直接对准太阳观察，经过镜片聚焦的强烈阳光会烧伤眼睛。

四、数码照相机

巡护工作中经常要拍照取证，数码相机因此成为巡护的基本器材。数码照相机的优点是经济快捷，拍摄后就可立刻观看，能够大量迅速地在电脑上复制，方便传送；数码相机还有另一个优点，可以在光线很暗的场合拍摄而不需要闪光灯；数码相机的第三个优点就是照片容易在电脑里进行分类整理，便于保管查找。

数码相机可以分为卡片机、类单反相机和单反相机 3 类：卡片相机轻巧方便，便于携带，但通常镜头变焦比小，不能适应拍摄远距离的动物需要；类单反相机变焦比大，有些可以从 28mm 的广角变焦到 600mm 的长焦，能满足大部分巡护工作对图片资料的需要；单反相机因能更换镜头，满足不同拍摄目的，在巡护监测工作中主要使用类单反或 135 单反数码相机。手机因为小巧，方便携带，基本能满足巡护中的拍摄要求，现在使用手机作为拍照器材的也非常普遍。数码相机均具备拍摄视频和录音的功能，可以用于拍摄记录动物行为的视频。

五、器材的保护

数码相机、望远镜、GPS 均是精密光学仪器和电子仪器，野外巡护工作时一定要注意将其保护好。行走时应将相机装入结实的专用包中，使用时从包中取出，用后马上放回包中。不要将照相机拿在手上或挎在身上走路、钻林子，否则容易让树枝擦伤镜头、碰撞树干和岩石损害机身，并且容易导致尘埃进入镜头和机身。涉水过河时，应将照相机封装在不漏水的塑料袋内，防止渡河时不慎将器材落入水中，造成损失。

夏季高温潮湿，照相机要特别注意防潮防霉，每次使用完毕，要对器材进行清洁保养，放入电子干燥箱存放，或放入有硅胶干燥剂的密封容器内防潮，并定期对硅胶进行烘干除湿。

第三节 巡护实施

一、巡护监督

自然保护区决策层的意图大都是通过下设的管理所（站）来贯彻实施的。自然保护区管理机构决策层要想达到预期的管护目的和效果，就必须对下设管理所（站）实施有效的管理监督。

(1) 建立巡护监督制度：保护区管理局在各管理所（站）设立监督员岗位，受保护区管理局直接领导，监督、督促和帮助提高巡护的质量。监督员应该是技术业务精的骨干，除了起监督作用，更重要的是参与技术部门对保护区动植物资源变化情况分析，参与巡护工作报告分析与评估工作。

(2) 保护区内部不定期检查：保护区工作人员定期巡护或在固定线路巡护时，必须请途经巡护点或聘请的监督员签字，留下证明其工作的痕迹或标识。管理层的领导应在不通知任何人的情况下，不定期到各管护站查岗或用电话、对讲机不定期随意抽查，以检查工作人员的工作情况。

二、社区共管

保护区周边社区具有人口密度较低、经济活动简单、商品交换水平低下、交通不便等特点，还有社会结构简单、居民传统观念较为浓厚、自然保护意识淡薄等特点。

保护区周边社区群众祖祖辈辈生活在这里，他们的生产、生活几乎完全依赖于自然保护区的自然资源，保护工作使他们的生产和生活受到限制和影响。在保护与发展产生矛盾时，保护区的社区工作将成为管理的另一个重点。让社区成为保护区的一部分，参加保护工作是现在自然保护的重要措施。限于社区的经济发展，开展社区共管需要以下两个方面的投入：

一方面，应以多种形式增进和提高民众的保护意识，让他们了解和懂得保护与他们生产生活的关系，唤起他们关心和热爱自然、保护环境的自觉行动。只有具备自然保护意识，他们才能在一定程度上自觉约束自己的行为，并理解、支持、配合保护工作。

另一方面，要保障社区经济的正常发展，禁止村民获取天然资源而影响到他们的生活，尤其是一些长期依靠自然资源生存的居民。所以，需要尽可能在当地社区开展帮扶项目，为他们提供技术、资金等扶持，使他们发展经济。对于非木材林产品的开发利用，要引导村民降低采集强度或不采，做到合理适度，采养结合，持续发展。开发当地传统的乡土知识，用于自然保护，将能有效减少他们对自然保护区野生动植物资源直接利用的压力。改善道路、饮水等条件，增加有利于保护的产业和福利，以缓解保护和生活之间的矛盾。

吸收群众参加多种形式的公众宣传会议，散发宣传物品，办讲习班，发调查表，接见村民，召开听取意见会议、讨论会，成立咨询委员会，组成有民众代表参加的监督委员会，开展不同形式的群众性环境保护活动，如植树、野生动物保护周、“受伤动物救助月”“人与环境”等全民活动。还要开展法制宣传，借助违法违纪案件的处理，进行一定的教育。采用广大群众共同参与的方式方法及理念开展社区宣传教育活动。

遵循共管的参与性，提供激励机制。在可持续利用原则的指导下，规范社区人们在保护区内的活动。加强社区发展与保护区保护的联系，使人们看到保护自然资源，可以为他们带来利益，并与自己的生存发展密切相关。

三、巡护报告和数据分析

（一）巡护报告

巡护报告是各管护站每月如实填写，并由管护局统一印制的上报材料，内容包括野生动植物观测记录表、日常巡护报告表、出勤报告表及工作小结等。当月各种材料完成后，在下个月的固定时间，如5日前交至监督员或上级管理机构。监督员或上级管理机构根据实际情况汇总分析，对存在的问题提出解决办法和措施，再以书面形式在当月上报更高级的管理机构。

（二）巡护工作评估

（1）巡护的自我管理：保护区管理局统一制作巡护人员考勤记录手册，发给每个巡护人员，要求每个工作人员严格自行登记每天的出勤情况，月末交由所（站）长签批，将记录手册作为年度考核的重要依据。

（2）巡护工作评比制度：根据各管理所（站）平时工作情况，将管理所（站）分成优秀、良好、一般3个等级，并以此作为该所（站）领导年度考核和评选单位先进工作者的主要条件。同时，对一般工作人员也进行分级，同样定为优秀、良好、一般3个等级，与工资的发放挂钩。对工作特别优秀的巡护人员，给予表彰和物质奖励。

（3）建立奖励制度：巡护人员依法抓获或者协助查获违法人员，可一次性享受一定的额外金钱奖励（根据案情难易程度确定具体数额）；对非保护区工作人员抓获违法人员或缴获作案工具，交保护工作人员处理的，同样享受同等奖励。

附录A　自然保护区/国家公园巡护技术规程

1　范围

本标准规定了自然保护区/国家公园管理范围内巡护的基本要求、巡护路线设置、巡护记录、巡护数据整理和报告编写等技术内容。

本标准适用于云南省范围内自然保护区/国家公园的巡护工作。

2　规范性引用文件

下列文件对于本文件的应用是必不可少的。凡是注日期的引用文件，仅所注日期的版本适用于本文件；凡是不注日期的引用文件，其最新版本（包括所有的修改单）适用于本文件。

GB/T 20399 自然保护区总体规划技术规程

LY/T 5126 自然保护区工程设计规范

LY/T 1685 自然保护区名词术语

LY/T 1726 自然保护区有效管理评价技术规范

LY/T 1764 自然保护区功能区划技术规程

DB53/T 298 国家公园基本条件

DB53/T 299 国家公园资源调查与评价技术规程

DB53/T 300 国家公园总体规划技术规程

DB53/T 301 国家公园建设规范

3　术语和定义

下列术语和定义适用于本标准。

3.1　巡护 patrolling

在自然保护区/国家公园内，定期或不定期地沿着一定的路线，按要求对自然资源、自然环境和干扰活动进行观察、记录，及时将所发现的情况上报，并及时采取行动制止非法行为的过程。

3.2　监测 monitoring

按照预先设计的时间和空间，采用可以比较的技术和方法，对自然保护区和国家公园内的生物种群、群落及非生物环境进行连续观测和对物种变化、生态质量进行评价的过程。

4　巡护目的、任务和分类

4.1　目的

巡护目的包括：

——执法：依法维护自然保护区/国家公园资源安全，制止盗猎（不含涉枪偷猎）、盗伐、过牧、开荒等破坏自然资源的违法行为，并进行调查取证，确保自然保护区/国家公园资源安全；

——监测：掌握自然保护区/国家公园生态系统、物种及人类活动的变化趋势；监测动植物异常情况，如植物枯死、病虫害、动物死亡、动物肇事等；发现物种新分布地等；

——宣传：通过巡护，宣传自然保护区/国家公园管理的法律、法规以及自然保护区/国家公园的主要保护对象/核心资源的保护价值和重要性。

4.2　任务

巡护任务应包括：

——沿巡护路线观察、记录。定期或不定期地沿着一定的路线观察，按要求在巡护表格或笔记本上记录沿途环境、野生动植物的异常、特殊和变化等情况以及人类干扰活动、病虫害等；

——处理和报告：发现非法行为和异常情况时及时制止、上报和处理；

——编写巡护报告：整理巡护数据，撰写巡护报告。

4.3　巡护分类

巡护可分为以下几种类型：

——日常巡护：定期地沿固定路线进行的巡护；

——稽查巡护：根据获得信息（如接到举报）和威胁因子发生的规律和季节性等特点，不定期、不定线进行的巡护；

——监测巡护：按照严格的时间、地点、数据收集方法，使用专业工具开展的巡护，对生物多样性数据进行定期采集。

5 巡护基本要求

5.1 巡护原则

巡护应遵循以下原则：

——安全：巡护员应有较强的组织观念和安全意识；日常巡护应至少在2名以上巡护员情况下开展；稽查巡护和监测巡护应至少在有5名巡护员以上，其中1名以上能够熟悉地形、有丰富野外生存生活经验的情况下开展；

——科学：按照巡护目的，根据地形地势合理布设巡护路线，力求做到客观、准确、合理；

——负责：巡护必须完成规定工作，并及时、认真、全面地填写巡护表格，记录相关信息。

5.2 巡护基本技能要求

5.2.1 法规政策

掌握国家、省和州（市）森林和湿地资源管护、自然保护区管理、野生动植物保护、国家公园管理、环境管理等相关法律法规和政策。

5.2.2 图纸使用

能够在野外使用地形图和遥感影像图等，识别地形、地物并标注位置。

5.2.3 工具使用

根据巡护需要，掌握照相机、摄像机、卫星定位仪、望远镜等工具的使用，并会填写巡护表格。

5.2.4 物种识别

巡护员应掌握以下几方面的物种识别能力：

——植物识别。能识别当地主要植物物种，特别是国家重点保护植物物种、地方特有物种和当地优势物种。

——动物识别。能识别当地主要动物物种，特别是国家重点保护动物物种、地方特有物种和当地优势物种。

5.2.5 森林病虫害识别

能识别当地主要森林病虫害。

5.3 巡护所需基础资料

巡护需准备和运用以下基础资料：

——物种图鉴或者鉴定手册；

——法律法规政策汇编；

——比例尺不小于1∶50000的地形图或最新的遥感影像图；

——以往相关资源调查、监测成果。

6 巡护内容

巡护内容应包括：

——制止乱捕滥猎、乱砍滥伐、毁林开垦、非木质林产品采集、湿地占用等破坏自然资源的行为；

——发现森林火灾、森林病虫害等隐患及时上报上级主管部门；

——填写巡护表，记录巡护监测的基本信息、人为干扰信息（采伐、采集、狩猎、放牧、旅游、建设等）、动植物信息（动植物特殊、异常变化等情况以及动物活动痕迹）、火灾隐患、森林病虫害、野生动物疫源疫病等；

——进行野生动物肇事的调查；

——清除偷猎者布设的动物诱捕工具；

——对进入自然保护区/国家公园的人员进行宣传和教育；

——其他特殊、异常和变化情况。

7 巡护程序

巡护一般包括以下5个程序：

——确定巡护任务：根据巡护目的，确定巡护任务；

——组织巡护队伍：巡护队伍至少由1名以上专业技术人员和1名以上能够熟悉地形、有丰富野外生存生活经验的护林员组成；在巡护小组的编组上，应考虑人员特长进行搭配，使其能够各尽所能，互相补充；每一巡护小组必须有1名组长，每一巡护组至少要由2名巡护员组成，以防意外事故的发生；

——制定巡护计划：巡护计划内容应包括巡护路线设置、巡护表格设置（重点观察记录的内容）、巡护员分工、时间安排、工具用品准备，以及检查、监督和奖惩办法；

——野外巡护：沿着一定的路线巡护观察，在巡护表格和笔记本上记录所发现的人类活动情况以及动植物特殊、异常变化情况；

——巡护报告：整理分析巡护数据，撰写巡护报告。

8 巡护路线设置

巡护路线的选择、设置应符合以下要求：

——布局：根据巡护目的，路线设置应考虑周边地区、进入保护区的主要道路、与村寨相接森林或林地、人为活动频繁地带以及各种有代表性的生境；

——距离：综合考虑离保护站、哨卡、驻地的距离，路线不宜太长，除特殊情况外，最好当天能够返回或到达中途哨卡；

——标识：利用明显的地形标志物或在现地埋桩做标记；在地形图上标出路线，并对线路进行编号；设置图示。

9 巡护时间

明确规定巡护的时间和次数。日常巡护的时间应相对固定，每条路线每月按巡护计划开展定期巡护，特殊时段应加大日常巡护力度。稽查巡护的安排应根据实际情况进行。一般在旅游旺季、生产季节、狩猎季节、防火季节应加大稽查巡护力度。监测巡护的安排根据实际需要进行。

10 巡护记录

10.1 巡护笔记

巡护员应作详细的巡护笔记。巡护笔记不得乱涂、撕扯，要保持外观和内页的整洁；内容应能整合到巡护记录表中，包括：日期、天气、线路编号、参与巡护人员、当日里程、时间、巡护事件陈述（附表A.1）。

10.2 巡护表格填写

在巡护结束后，应整理巡护笔记，并填写巡护表格。填写时保证字迹清晰。除文字和规定的代号外，不得使用其他符号或自创的代号。

10.3 其他巡护记录

巡护过程中，发现特殊、异常事件时应拍摄照片，有必要时还可进行摄影、录音、标本采集、绘图等。

11 巡护成果

11.1 巡护数据整理

巡护员仅对资料进行收集、记录；

管理站工作人员将巡护员收集的资料进行检查、分类整理；

管理所工作人员应运用 Excel 等软件对数据进行统计和分析，制作图表，形成巡护报告；

管理局工作人员应建立巡护数据库，并根据巡护报告情况提出保护管理措施。

11.2 巡护资料存档

管理站留存巡护资料复印件，每月一次将巡护资料原件报送上级管理部门存档。

11.3 巡护报告编写

根据巡护员收集的信息，撰写巡护报告。巡护报告编写应包括以下内容：

——本时间段巡护工作开展情况的陈述；

——人为活动情况的概述；

——生态系统和重点野生动植物情况的概述；

——对发现的问题进行分析、总结，并提出解决办法；

——下一阶段的工作计划；

——其他重要的信息。

附录 B 自然保护区/国家公园巡护记录附表格式

A.1 范围

本附录确定了自然保护区/国家公园巡护记录附表的名称、内容与格式。

A.2 附表种类

自然保护区/国家公园巡护记录应有以下附表：

——表 A.1 自然保护区/国家公园巡护笔记记录格式；

——表 A.2 自然保护区/国家公园巡护记录表。

A.3 附表内容和格式

表 A.1 自然保护区/国家公园巡护笔记记录格式

所站（片）巡护员：________________ 线路编号：________________

日期：__________年____月____日 起止时间：__________至__________止

天气：__________ 巡护类别：________________

线路：__________ 里程：__________

巡护事件调查、处置情况：

人为干扰记录形式：在××时间，××地点，发现××干扰活动，干扰活动形式、强度、是临时性还是永久性，干扰活动处置情况。

植物异常信息记录形式：在××时间，××地点，××生境，发现××珍稀濒危植物（或植物特殊、异常变化情况）、植物数量、物候等。

动物信息记录形式：在××时间，××地点，××生境，发现××动物实体（痕迹）。如发现实体，应记录成体（亚成体、幼体）数量、动物主要特征、动物行为等；如发现痕迹，应记录痕迹类型、数量、新鲜程度等。

其他信息记录形式：在××时间，××地点，发现××事件，处置情况。

表 A.2　自然保护区/国家公园巡护记录表

保护区巡护记录表编号：＿＿＿＿　巡护人员：＿＿＿＿　记录人员：＿＿＿＿

巡护日期：＿＿年＿＿月＿＿日　起止时间：＿＿时＿＿分至＿＿时＿＿分　天气：＿＿

巡护路线：起止点 GPS 位置：＿＿＿＿　巡护类型：＿＿＿＿　里程：＿＿＿＿

<table>
<tr><th rowspan="3">编号</th><th rowspan="3">时间</th><th colspan="3" rowspan="2">GPS 点位</th><th colspan="3" rowspan="2">干扰信息</th><th colspan="10">动物信息</th><th colspan="3">植物信息</th><th rowspan="3">生境类型</th><th rowspan="3">火险隐患</th><th rowspan="3">备注</th></tr>
<tr><th rowspan="2">动物名称</th><th colspan="5">数量</th><th rowspan="2">行为</th><th colspan="3">痕迹</th><th rowspan="2">植物名称</th><th rowspan="2">数量</th><th rowspan="2">物候</th></tr>
<tr><th>小地点</th><th>经纬度</th><th>海拔</th><th>类型</th><th>强度</th><th>时间</th><th>合计</th><th>成体</th><th>亚成体</th><th>幼体</th><th>不清</th><th>类型</th><th>数量</th><th>新鲜度</th></tr>
<tr><td></td><td></td><td></td><td></td><td></td><td></td><td></td><td></td><td></td><td></td><td></td><td></td><td></td><td></td><td></td><td></td><td></td><td></td><td></td><td></td><td></td><td></td><td></td><td></td></tr>
</table>

注 1. 巡护路线：巡护员实际巡护的线路；

注 2. 时　　间：发现各种信息的时间；

注 3. 小 地 点：发现各种信息的小地名，没有地名时用明确的地名加方位与距离说明；

注 4. 经 纬 度：填写精确至秒（″），分别填写度、分、秒，即××°××′××″；

注 5. 干扰类型：1——放牧（①牛②羊③马④猪⑤其他），2——采集（①菌类②药材③其他），3——采伐（①木材②薪材③积肥④其他），4——盗猎（①铁丝扣②线扣③枪械④其他），5——毁林开荒，6——蚕食林地，7——旅游（①生态旅游②科研③探险④其他），8——建设，9——灾害（①火灾②病害③虫害）；

注 6. 干扰强度：1——强，2——中，3——弱；

注 7. 干扰时间：1——临时，2——永久；

注 8. 动物名称：填写动物中文名或俗名；

注 9. 行　　为：1——取食，2——饮水，3——休息，4——行走，5——站立，6——攻击，7——躲避，8——其他直接描述；

注 10. 痕迹类型：1——实体，2——粪便，3——足迹，4——食痕；5——鸣叫，6——卧迹，7——窝穴，8——擦痕，9——尸体，10——其他直接描述；

注 11. 新 鲜 度：1——新鲜，2——较新鲜，3——陈旧；

注 12. 植物名称：填写珍稀濒危植物或特殊、异常变化植物中文名或俗名；

注 13. 数　　量：填写珍稀濒危植物或特殊、异常变化植物的株数；

注 14. 物候观测：1——初芽，2——初蕾，3——初花，4——盛花，5——末花，6——花谢，7——初果，8——落果，9——落叶，10——枯萎；

注 15. 生境类型：1——针叶林，2——常绿阔叶林，3——落叶阔叶林，4——针阔混交林，5——热带雨林，6——竹林，7——灌丛，8——草丛（草甸），9——流石滩，10——湿地，11——其他；

注 16. 火灾隐患：1——天气引起，2——工程建设引起，3——输电线路引起，4——盗猎人员引起，5——采伐采集，6——放牧，7——烧香，8——炼山过火，9——其他；

注 17. ★：火灾隐患发现后，巡护人员应立刻就地处置，并尽快上报上级单位及相关部门。

第五章　动物监测

动物监测是自然保护区的日常工作之一，监测数据可以帮助管护人员了解、掌握整个自然保护区，或者自然保护区的某个区域动物分布的种类和数量变化，评估自然保护的成效，决定是否需要采取相应的管理措施。

第一节　监测基础知识

一、监测定义

监测是指在一定时间间隔内，对某一事物的具体属性进行定量观察或测量，反映该事物在这个时间间隔里发生了什么样的变化，分析产生变化的原因。例如，某湿地在 1995 年、2005 年、2015 年 3 个时间段里，它的水域面积、挺水植物面积、浮水植物面积、越冬水鸟的种类组成和数量发生什么变化？变化的原因是什么？要回答这些问题，就要对该湿地进行监测。监测方法可以是现地观察统计，测绘勾图；也可以采用卫星遥感影像、远程拍照等技术手段，来获得该湿地的生境类型和越冬鸟类的变化数据。开展监测先要明确监测对象、监测时间间隔，确定监测方法，并对监测所获数据进行变化分析。

在资源调查或生态研究中，经常用到的词有监测、调查和监视或监督，三者虽有关系，但内容不尽相同。

调查是在一定时间期限内，用统一的标准方法，对一个地区的生态系统或野生动物资源进行“质”与“量”的观察记录。调查工作并没有事先计划要得到什么结果，其目的主要是对一个生态系统和某地动物资源的组成有一个了解。

监视是一项调查工作的延伸，以了解并确定由于调查时间延长，可能看到生态系统结构上的变化，并确定变化范围。监视一般没有预定目标，也是对自然环境作一般性的了解。行政管理层面监视常被称为监督。

监测是研究人员采用标准或固定的调查方法，定期或不定期的长期进行预先规划好的工作，以获得资料。监测人员对即将得到的结果，多少已有一点概念，有些已经知道可能会得到什么样的资料。

调查和监视的工作目标是开放的，没有预定目标，而监测是有计划的长期性工作，而且预先设定一些条件或范围。

监测也是科学研究，但与研究工作有所不同。例如，要知道草食动物对一片草地的啃食，对该生态系统会有什么影响，影响到什么程度，属于研究工作。通常要有一个适当的对照组，比较两者差异。但监测动物啃食草地所造成的影响和环境变化，不一定需要对照组。

监测通常有以下目的和作用：监看环境的变化，希望事先得到一些警讯，规范某个政策执行的项目；检视某个措施推行的效果。监测工作最主要的功能是提供一些信息，让人们了解或知道环境的变化是否已在偏离人们所希望的方向。监测工作可以为管理者提供一个预警系统，随时提供一些信息或反馈信息给环境保护管理者或决策执行单位，以知道环境变化的现状，并作为决策修订的依据。

二、监测方式

监测可以是直接的，如直接从空气取样，测定空气SO_2浓度；也可以是间接的，如通过生物区系变化监测来回答“河流污染事件是否发生过”的问题。对小范围内的大型鹿类作哄赶计数属于直接监测；而用无线电遥测技术作鹿类个体家域面积测定，对其粪便数量变化进行统计来判断该区域鹿的种群数量，估计种群大小，属于间接监测。自然保护区的监测常有以下方式：

（1）卫星监测：利用人造卫星和遥感技术资料，监测确定大范围内的大面积自然灾害、突发事件和整体自然环境状况和质量的变化，特点是大面积全方位。

（2）空中和地面综合监测：自然保护区的监测工作以自然灾害防控、濒危物种救助、动物数量变化和人为活动监测控制为主，定期的航空监测和地面巡护监测有助于全面了解整个保护区的基本情况，及时处理灾难和险情。发达国家自然保护区空中和地面的综合监测采用比较普遍。

（3）地面定点长期监测：在自然保护区的重点保护区域、旅游开放区、动物肇事多发区、动物主要活动地段、灾害多发地段、人类活动集中地区等，建立固定的监测样区，确定专门的监测方法，指定专职人员进行定点、定时的监测和数据采集，自然保护区这类监测是主要手段。

三、主要监测类型

（1）常规监测：针对生态系统、环境质量、水文地质变化、污染源进行定时定期的监测。

（2）专项监测：对生态系统类型、植被及植物种群分布、动物种群数量变动、活动规律、分布变化所做的监测。野生动物监测通常是对种群数量、种群结构、活动区域、干扰情况进行个体和群体的监测，建立档案。

（3）干扰监测：此类监测的目的是及时发现并预防火灾、病虫害、人为破坏等隐患。

（4）旅游监测：对到保护区旅游人数、停留时间、旅游人口成分、消费水平、旅游经济效益等指标进行监测分析，达到合理控制游人量，提高旅游服务质量和取得合理经济效益的目的。

（5）社区活动监测：对保护区周边社区人群数量、经济活动、社会发展等进行监测，以便及时制定与保护规划相协调的周边社区经济发展规划，为地方政府决策提供参考和建议。

四、监测工作流程

监测工作的第一步，是寻找能说明该地现状的关键成分，如稀有的、引人注意的、濒危的物种存在状态，或者特征性群落的结构。

以物种多样性作为关键特征，该关键特征就是物种丰度，然后就是选择监测信号。如果物种的变动就是信号，要确定一个种数的水准，低于它则要采取行动。假设某地通常有大约150种留鸟，而且有好几年的监测历史，并有至少135种记录在案，监测项目就可把135种或130种作为监测基线。监测的物种数还可以再少些，甚至只监测一些关系密切的重要类群，例如鸟类中的雉类或猛禽。

决定了信号类型，选择监测方法就相对容易了。重复监测的频率取决于对象的变化率。监测方法的敏感性和精确度将随所监测的系统改变。信号类型确定后，监测过程本身只要按照规定的要求重复。采取监测行动后，还需要对行动的效果进行监测和评估。

第二节　动物监测

一、监测内容

动物监测不仅对动物本身进行监测，还包含对生态过程、对植物群落和种类、栖息地类型及结构相关因素的监测。这是因为动物与生态环境、植物群落和栖息地有着密切联系，需要对动物栖息地的生态环境和植物群落进行监测；另一方面因很多时候很难直接观察到被监测的动物种群变化情况，只有通过对其生态环境指标和动物活动痕迹进行监测，以生态环境指标的变化趋势，推断动物种群的变化状况和趋势。

二、生态过程特征

监测预报野生动物种群的动态变化，分析导致这种变化的各种因素，是自然保护工作者职责所在。生态系统和动物的变化有3种可能的属性：随机性、倾向性和周期性。

随机变化是不可预测的，如洪水、干旱、水灾、传染病等，不可能纳入监测计划。但是，受到扰动或破坏的生态系统的恢复过程，则是可以监测的对象。

有一定趋势的连续变化可能极其细微缓慢，但终究会显露出来。某种趋势可以由管理实践逆转，生物群落的渐变和物种的消长，也是保护区内常见的生态过程。周期性变化给人印象深刻，如捕食者—被捕食者间数量消长。实际上，上述3个类别可以相互叠加，周期变化可以发生在一个总的连续趋势中，而随机事件也会暂时插入其间。作为从事监测的管理人员，要记住并能识别监测对象或过程可能具有的3个特征：趋势、周期、随机噪声。

对生态系统的主要影响之一是人类活动。工业化、都市化、化肥和农药在农林业中的广泛使用，毁林开荒、偷猎、掠夺性利用自然资源等，它们均对生态系统造成扰动。生态监测的重点是评估其影响，进而为限制、减少或消除这种影响提供依据。

三、监测对象

在生态系统和动物监测过程中，需要监测的内容主要有以下10项：①动物种群的大小；②植物的生物量；③生物的生长形式；④生物的生产率；⑤种群的恢复率；⑥种的组成；⑦种的丰度；⑧群落的多样性指数；⑨栖息地的结构；⑩指标物种的出现或消失。

就动物监测而言，通常监测内容有动物种群的大小、特定类群的物种丰度、群落物种多样性指数、生境结构的镶嵌方式或多样性、指示物种的存在与否等。

而野生动物管理决策的制定，如指定或解除保护动物，往往视动物种群数量的监测资料而变，能够给管理人员提供现存动物的数量、环境中的食物量等问题的确切资料，是最好不过的，但是就某些管理目标而言，没有必要消耗巨大的人力、物力去获得有关种群或栖息地方面十分精确的数据资料，往往较粗略的数据就可以显示动物种群是否降低、升高还是稳定。

保护管理野生动物种群的决策，所需要的数据包括种群指数、种群数量、栖息地环境因子和目标动物种群的生态密度指数。种群指数是主管部门制定工作计划的依据，也是监测野生动物数量变化的指标。最常用的种群指数是在选定路线上调查每公里所见的鸟类数量。

四、指标生物

大部分情况下，干扰会引起生态系统的全面变化，但并非每个物种生活史中的每一阶段对环境变化的敏感度都一样，还有要收集什么样的数据，才足以知道环境的改变？有时这种改变的信息，在初期可能看不出来，等到看出变化时，很多资料已经流失。故在监测的过程中往往选择特定物种或类群进行长期追踪调查，这些生物称之为指标生物。

指标生物有两类效应。从生物对任一环境因子的忍受范围来看，如果忍受范围较狭窄，对环境的改变敏感，这些物种的出现或消失往往就可以指示环境的健康程度。相反，有些生物对某些因子变化忍受范围宽，对环境变化不敏感，当环境改变时，大多数的物种都因无法忍受而消失，但它们仍大量存在。对环境敏感的物种适合当作污染指标生物，反之则不适合。

目前，学者对指标生物研究得相对较多，通常分为以下 5 类：

（1）敏感物种：在一个地区引进敏感物种，其消失可以当作早期环境变化的预警。

（2）监测物种：这些物种原本就存在这一地区，环境改变时，这些物种会有数量上的极大变化。同时，在行为、生理和种群年龄组成上也会发生变化。

（3）扩张物种：环境的改变会促使这些物种数量增加，分布范围也会扩张。

（4）累积物种：这些物种可以累积相当程度的某些化学物资的浓度。

（5）生物分析或毒物分析物种：这些物种可以在实验室用来监看环境中化学因子的变化，如检视污染物或化学物质毒性的强度。

在上述物种中，敏感物种、监测物种和扩张物种在实践中应用较多。这几类物种尤其是动物，具有对环境变化忍受范围窄、扩散能力差的特点。

除了指标生物外，有时群落整体的变化，也可用来监测评估环境的变化。群落中物种的多样性和群落的相似度应用较多。

五、监测目标及方法

（一）规划监测项目需要思考的问题

在规划一个监测项目时，按照科学要求，需要依次回答以下 5 个问题：第一个问题：监测的目标是什么？第二个问题：以何种方法达到预定目标？第三个问题：如何处理采集到的有时序性的数据？第四个问题：数据分析结果的含义是什么？第五个问题：何时能说监测目标已经达到？其中以目标和方法最为重要。

（二）监测目标

设计和实施一项监测工作时，首先要问，目标是什么？是看干扰对生态系统的影响，还是要看特定物种的种群是否经常维持稳定？或者是看水体污染的严重程度？目标如果不先确定，会影响监测方法。例如监测的强度范围，理论上是取样越大越好，但现实中往往无法达到。再例如监测的频率也会受到影响，是每天监测，每月监测，还是每年监测？如果要了解某些事件发生之后的后续影响，那取样的频率就要提高。

（三）监测方法

1. 随机样本

在设计监测方法时，必须考虑到日后的分析。统计学非常强调随机取样，即取样过程中没有偏见。用于统计学上处理的动物种群数据必须来自随机样本。随机至少有两层含义：一是样地内任一地点看到动物的机会相等，这涉及动物在取样地区的分布状态；二是样带或样方的设置要能反映所关注的生态变化。样本是相对于总体而言的，它是总体的代表，一般情况下，抽取总体5%数额的样本，就可以计算出总体的各种参数。既可以节省开支，又可以得到足够准确的估计信息。

由于植被类型、水源或一些关键资源的限制，随机分布的动物并不存在。纵然生境是单一的，由于动物社会结构、繁殖系统和行为的原因，它们总是呈非随机分布。在取样时如果刻意偏重于动物分布最丰富或最稀少的区域，都不符合随机取样的原则。然而，实际情况对统计假设的偏离不应该是无所作为的借口。例如，可以把动物家域内的主要生境类型区分开，取样时把这些类型分类处理，即作分层取样，并假定在各层次中动物为随机分布，这在理论上是可以接受的。又如，动物集群方式有季节性变化时，可以把取样时段安排在相应的季节。

力图使样本反映所关注的生态变化是样方或样带设置的宗旨。随机不是随意。工作人员建立起监测的基本概念，加上具体问题具体分析处理能力的培养，自然保护区的监测工作就有了基础，基层巡护人员可能暂时不一定都参与项目设计，但监测设计人员必须让他们理解设计意图，了解监测工作意义，增加野外工作的主动性，认真填写监测数据。

2. 动物种群数量监测方法

动物种群状态调查常用方法是样带法，包括定宽样带法和不定宽样带法 2 种。样带面积的确定，应考虑大中型兽类的活动范围、景观类型、透视度和交通工具，同时应保证当天能完成一项连续性的调查工作。样带面积等于宽度乘以调查路线长度。为在预定的抽样强度下计算出样带数，完成样带的布设，可根据景观类型预定样带长度和宽度，经验值见表 5-1。

（1）定宽样带法

样带宽度要事先确定。有效的样带调查必须保证能直接看到带内所有的动物，并保证调查者在样带内的活动不会对动物产生影响。定宽样带法又分为直接计数（例 1）和间接估算（例 2）两种。

例 1：调查者在长 1km、宽 20m 的样带（样带面积即为 0.02km^2）内看到 10 只松鼠，如果能确信看到了这个 20m 宽样带中的所有松鼠，并且调查者的存在没有对未知动物产生驱赶或吸引作用，那么这一地区准确的松鼠密度为 500 只/km^2。

表 5-1　各景观类型样带长度及宽度经验值

景观类型	单侧宽度（m）	长度（km）	交通工具
森林、灌丛	10~50	3~10	步行
草原	250~1000	30~50	马、汽车
草甸	50~500	2~5	步行、马
湿地	50~100	2~5	步行
农田	25~100	5~10	步行
荒漠	250~1000	30~50	马、汽车
高山冻原	25~100	3~10	步行

例 2：间接技术之一是粪堆法计数。运用动物痕迹（如粪堆）和动物个体数之间的关系获取动物数量数据。例如在旱季，清理出 30 个长 1km、宽 3m 的样带（总面积为 0.09km^2），来做水鹿密度调查，此次清查须将粪堆全部清除。30 天后，查得样带内有 300 堆水鹿粪便。已知水鹿在干季的排粪率是每天 15 堆，问水鹿在该地区的密度是多少？

$$解：水鹿密度=\frac{300\ 堆}{15\times30\ 堆/头\times0.09\ km^2}=7.4\ 头/km^2$$

注意：必须肯定粪便不会在 30 天内完全自然消失。

（2）不定宽样带法

在多数森林环境中，动物逃匿时与调查者的平均距离常常大于工作人员所能看清的距离，这时不定宽样带法要比定宽样带法适用。调查者沿中线或样线行走，记录看到动物的视距和视角（视线和样线的夹角），用以计算动物到样线的垂直距离。在动物成群的情况下，距离的测量以到群体中心点为准。如果数清动物有困难，估计其种群大小。

该方法的准确度受制于两个基本假定。不是所有的目标动物都能看到，离样带中心线越远，动物被看到的机会越少。样带的宽度由可见度或动物到样线的距离决定。在估计的带宽以外，被看到的动物和在样带内被遗漏的动物一样多。用不定宽样带法计算种群密度时，样线的长度是已知的。这样的密度估计必须满足以下假设：①动物和样线在调查区是随机分布的，或典型样区的选择是基于主要的植被类型；②生境是同质的，否则样带应分层设置；③动物在被发现之前不会逃离，动物的初始位置到观察者的距离可以测量；④被观察的一个或一群动物独立于其他动物，所见动物的声响和行为不影响同一地区其他动物的活动；⑤动物对观察者的反应在整个调查过程中维持不变；⑥同一样带内没有对同一动物的重复计数。

有好几种公式可以用来计算种群密度。由于有效样带宽度（*ESW*）的测算方法不同，算出的密度也不同，以下是一些较常用的公式。

平均垂直距离法：一般情况下用视距和视角算出动物初始位置到样线的垂直距离（W），在动物不逃匿的情况下可直接测得 W，再由 W 的平均值（$W_{平}$）计算 *ESW* 和密度，其中 L 为样线长度，N 为见到的动物数。

$$2W_{平}=ESW；密度=\frac{N}{2LW_{平}}$$

Kelker 法：用动物到样线垂直距离（W）绘制频率直方图，其概率检测线的拐点即 ESW。

King 法：在动物不逃离观察者时，用平均最近视距（$D_{平}$）计算 ESW 和密度。

$$2D_{平}=ESW；密度=\frac{N}{2LD_{平}}$$

不同的计算法将得出不同的密度估计值，只有用相同方法得出的结果才能作比较。

虽然定宽样带法的统计结果比不定宽样带法准确，但后者在森林中更实用。然而，两种样带法也有局限性，对于能够悄悄逃匿或隐藏不动的小动物都不适用；对种群密度太低，难以得到足够统计样本的动物也不适用。

样带法在应用时还要注意以下事项：

①此法一次只可用于一个种或一个类群，不能在调查草地鹿群时也关心树上的猴子。

②如果一个地区有不同的生境类型，样线设置要反映这种差别。

③若同时做不止一条样带的监测统计工作，彼此间应有足够的距离，以防止一条样带上因受惊而跑开的动物，被另一条样带上的工作人员重复计数，一般在 10%~15%的覆盖度下，两样线要分开约 1km。

（3）其他监测方法

网捕法：对有迁徙习性的猛禽、游禽、涉禽，可在每年迁移高峰，在同一时间、同一地点张网，保持张网时间和网捕次数相同。

鸣叫计数法：利用鸟类繁殖期占区鸣叫的个体数量来监测种群数量变动，主要用于珍稀濒危雉类和占区鸣叫明显并易于统计的其他鸟类监测。调查时间应为鸟类鸣叫集中的时期。计数范围以能分清鸣叫个体的方向和距离为准。调查中借助鸣叫所记录的大多数是雄鸟，要乘以 2 才能代表雄鸟和雌鸟的数目。

标志—重捕法：适用于小范围特定生态环境中某类群的数量调查或监测。样方的形状可以是方形、圆形或长方形，大小根据动物的生活习性和地貌特点确定，根据调查对象在调查区域内不同生境的分布情况确定样方的数目和分布，样方可以长期保留。该方法的要求：就地标记，就地释放，标记过程尽可能短；动物标志后不会产生严重的生理和活动影响；标记物不易脱落；每一次标志—重捕之后，应隔一段固定时间后，再进行下一次操作，时间间隔以动物能充分恢复原来的分布模式所需的时间长度来定。

样点法：该法用于山体切割剧烈、地形复杂，难以连续行走的特殊地区。样点应均匀分布在样线上，它是调查一定半径的圆形区域内的动物数量，样点即所调查圆形区域的中心点。半径的确定应保证观测范围内所有个体都能被发现，在视野开阔地区一般为 50m，森林地带一般为 25m，记录在该半径范围内看到或听到的动物种类和数量。每个样点的统计时间依据调查种类习性而定，鸟类为 5~10 分钟。

蛇类野外监测方法：在蛇类资源比较丰富的地区，选择一两个典型地点，根据地貌及植被特点，在平坝耕作区（应包括农户村舍在内）、低山或丘陵区的灌丛、草坡等不同生境分别选择样方若干，每一样方面积应不小于 $10000m^2$。具体操作时，数人排在一条线上，每人相距 10m 左右，然后按等速缓步向同一方向前进，边走边注意两侧各 5m 范围内遇见的蛇种及数量，走完规定长度后，统计在该样方遇见的蛇种和数量，每年至少在6月及9月各统计1次，以积累数量变动趋势资料。

蛙类的野外监测方法：多数蛙类在繁殖季节大量集中于静水水域抱对产卵。在繁殖季节选择若干典型的静水水域，沿塘边或田埂观测集群蛙类的数量，也可根据产卵盛期水中卵群数量的多少，建立该地区某种蛙类数量多少的概念。逐年连续观测，可以对比看出该地区某种蛙类的数量变动趋势。

3. 栖息地监测

记录典型栖息地的面积、植被变化及人类活动对栖息地的干扰情况。植被变化主要包括植被类型、郁闭度和盖度等。对于重要湿地的监测还应包括水位和水质的变化。栖息地监测需要收集如下数据和资料：①可以野外监测固定样地的生境情况作为基础资料；②每年在进行野生动物数量监测调查时记录有关生境资料；③可以使用全国森林资源监测站野外固定样地植被变化的有关资料；④利用环保和水资源机构的数据来监测动物栖息地水资源的变化情况；⑤对大面积栖息地的变化可以采用遥感技术进行监测。

4. 监测的频率

对于大型动物的监测，每年取样1次已经足够。如果是监测某事件的后续效应，如河流污染事件的后续效应，那么监测间隔的长短就变得极为重要。如果监测的指标是生物多样性指数，半年的间隔已经足够；如果监测指标是污染农药在河水中的浓度变化，监测就必须是每天或每小时，甚至更短的时间做1次。

5. 计划要保持简单

监测计划越简单就越有效。在设计项目时就要经常问自己，“这是最简单的方法吗?”“这是最简单的分析方式吗?”等等。简单意味着数据容易收集、容易分析，因而容易分配责任。监测通常是长期项目，涉及许多人，每个人只参加一段时间的工作，如果面对的问题本身很复杂，至少监测项目主持人要能把复杂的项目内容分解成若干简单的、易行的构件。

六、数据处理及分析

监测结果应能较好地反映3个关键点：监测对象的变化趋势、变化的周期及不规则的变化。在统计上常用的分析为时间序列分析，有许多软件可以应用。

（一）数据处理公式

数据处理就是对野外原始调查数据进行分类整理，然后用计算机程序化的模型进行处理，最终获得有意义的结果。数据处理前必须先检查每个样带或样方内所记录的表格和数据有无差错，然后将数据按具体种类进行分类。数据处理时，长度单位用“m”，面积单位用“km^2”，密度单位用“只/km^2”。

1. 定宽样带的数据处理

L是样带长度；W是样带单侧宽度；N是观察到的个体总数，包括样带以外的个体数；N_1是样带内观察到的个体数；$P=N_1/N$，是样带内个体数所占比例；D是密度。

样带内绝对密度的计算：

$$D=N_1/2LW$$

当动物的发现概率随着样带中线距离的增加呈直线减少时：

$$D=10NK/L \qquad K=[1-(1-P)^{0.5}]/W$$

当动物的发现概率随着样带中线距离的增加呈负指数函数方式减少时：

$$D=5aN/L \qquad a=[-\log_e(1-P)]/W$$

2. 不定宽样带的数据处理

D 是密度；N 是样带中线两侧观察到的个体数量；L 是样带长度；Xn 是第 n 个个体到中线的距离；$W_{平}$是个体到样带中线的平均距离，$W_{平}=(X_1+X_2+X_3+\cdots\cdots+X_n)/N$。

当动物的发现概率随着样带中线距离的增加呈负指数方式减少时，应以负指数分布探测函数拟合：

$$D=(N-1)/2LW_{平}$$

当动物的发现概率随着样带中线距离的增加呈半正态函数方式减少时，应以半正态截尾分布探测函数拟合：

$$D=[N\pi/(2\Sigma X_i^2)]^{1/2}\times(N-0.8)/2L$$

3. 样点法估计种群密度

D 是密度；N 是每个样点所观测的动物个体数；r 是半径。

$$D=N/3.14r^2$$

4. 样方法估计种群密度

D 是密度；N 是样方内发现的个体数；B 是样方面积。

$$D=N/B$$

以上计算方法均是以动物个体为观察对象，如果取样对象为活动痕迹，则先按上述公式处理，得到痕迹密度，再用换算系数将其转换为个体数或种群密度。

（二）指数的应用

在数据处理过程中，要注意指数的应用。指数是指一个数值与某一个基数作比较，产生的相对数值，通常都以百分数表示，以测度或显示某种事物在不同时间或不同地点所发生的变动程度。指数可以是一个单一的数列中各数值之比值，例如已知某地某种动物在1995~2000年的数量，就可以某个年份（如1995年）的数量作为基数，得到一系列比值。指数也可以是一个总计数值的比较，例如西双版纳州1995年5月野牛的种群数量与1996年5月该地野牛的数量之比值。运用指数有以下好处：

1. 体现动物在不同时间或不同地点发生的种群变动程度

监测动物数量是自然保护区管理的重要内容。单就某地点或某时间内野生动物数量，并不容易显示其所代表的意义。但若以某年野生动物数量作为基数来比较，即可显示其变动程度。例如，1995年4月上旬10天内某河口统计，游过该河口的鱼为15000尾，次年同一时间只统计到12000尾，若以1995年数量为基数100，计算得1996年的指数为80，即可显示一年之内鱼减少了20%，比只报道1996年鱼尾数为12000，更易让人感觉到当地鱼类生存环境的恶化情况。

2. 比较不同数量单位所表示的资料

调查某一地区生物群落时，所计数的生物种类通常很多，如鱼类、两栖类、鸟类及昆虫等。由于各种动物的调查方式不同，鸟类通常是用样线观察，记录每公里的种类和密度，昆虫则常用集虫灯诱捕，统计每10分钟的捕捉量，鱼类则常用每100m河段内用网捕获的鱼的数目。记录单位不相同，而无法直接比较。若转换为动物种群数量的时间变化，用指数显示，就可以比较了。

3. 容易理解，引起注意

野生动物种群随着时间季节而变化，有时增加，有时锐减。这些变化，尤其涉及保护效果评估时，若以指数显示，更容易被大众或决策层了解和接受。

一个理想的野生动物数量指数，应该是与实际的种群数量有 1：1 的关系存在。例如种群的数量增加了 20%，指数变动值也应该是 20%。这种特性的维持就有赖于在每次进行调查时，减少各项影响监测结果的主客观因素，如监测时间、方法及人员应该尽量一致。但是，在许多野生动物的长期监测中，因人力和物力的限制，无法以完全相同的监测条件进行，在这种情况下，就必须选择一种稳定性高的种群指数指标，如几何平均数指数，正确地反映种群的巨大或微小变化，供决策单位参考。

（三）结果解释

1. 数据解释

数据解释是创造性和科学性的工作，没有相关领域的丰富知识，不了解该领域大量的文献和信息，没有创造性的思维活动，是不可能对这些数据进行科学的解释。自然保护区工作者在分析和解释这些数据时，应尽可能多听听专家意见，对数据的解释既要谨慎又要大胆，提出自己的观点和假说。解释过程必须注意以下两个问题：

（1）必须用共同的单位和适当的标准。如在比较种的丰度时，必须采用同样大小的面积，如要看变化的趋势，就不能只用单一地区，必须同时比较很多地区同样的物种变化。

监测数值（如种群数量）的变动并不能说明什么，只有在获得分析一组可比较的数据（对照观察或更大范围的地区性数据）之后，才可能解释监测的结果，这是在项目设计阶段就要考虑到的。

比较可以横着比，例如对大型兽类的监测，样带要选在它最适生境中，如果动物有季节性垂直迁移现象，监测线路的安排就要反映这一情况。最适生境的确定就是一系列横的比较，如同一时期不同空间位置中动物密度的比较，用于确定动物生境偏好或最适生境。比较也可以竖着比，例如同一地点、同一季节某种动物密度的年间比较，就是通常所说的动态跟踪。

（2）要懂得数据中的哲理。如样方中植株计数，河水中 NO_2浓度的测试就没有多少思索的空间。但是，监测记录物种的存在或消失则不同，存在是好的数据，因为看见了那个种的个体，意味着它在那里。无或没有不一定就是坏的数据，因为没有记录或看不见，并不表示那个种不在那里，要得出结论还要做更多的工作。

2. 监测报告

把监测结果写成报告，供管理部门和有关人员参考，是监测的重要组成部分。一项监测工作若没有报告，或报告没有很好地反映监测结果，不能算完成。野外监测工作完成后，一定要及时写出报告，尽管有详细的表格和工作日记，但有些现场感受和经验仍然保存在工作者的记忆中，拖的时间越长，数据的处理分析就越困难。

目前，监测报告并没有规范格式，可以借用科学研究论文的写法来完成监测报告。科研论文已形成了一定的格式，这种格式能让读者清晰地了解研究的主题、目的和技术方法，所得结果以及作者持有的观点。其顺序如下：题目，作者及工作单位，摘要，关键词，正文，参考文献，外文摘要和关键词。

正文是监测报告的核心，事先应确定一个写作提纲。科学论文的固定格式如下：前言，研究区域，调查方法或材料与方法，结果，讨论。监测报告的重点是结果和讨论。结果是报告的核心，讨论应该围绕结果展开。结果可能有与前人监测结果不一致的地方，或者新的发现，都可以提出来讨论，阐述作者的观点，对一些新发现的现象可以提出假设或新的理论。讨论是分析问题的深入，所讨论的问题要有一定意义，切不可将讨论写成平平淡淡的小结。

3. 数据的保存

监测工作完成之后，监测数据要妥善保存，为以后进一步工作提供必要的基础数据。数据一般用计算机数据库保存，以备以后不断地增加数据。数据库文件要用标准格式，便于寻找和利用。

4. 终点判断

何时停止监测？监测项目在它的执行过程中获得了自己的惯性。监测人员常认为明年的数据至关重要。但是，由于人力、财力的限制，项目总是要终止的。终止它的条件是什么？怎么知道已有足够的数据？对此，可以采用以下方法判断：第一个终点法则，即在判断标准得到满足时停止监测；第二个得—失平衡法则，即对监测过程做资源投入和数据产出价值的定期评估，适可而止。

在监测项目的计划阶段，就要考虑何时停止它。如果有一个明确的终点可以辨别，就用第一法则，否则用第二法则。

有关调查记录表格见表 5-2 至表 5-5。

表 5-2　野外兽类调查记录表格范本（定宽样带法）

第　　页　　共　　页

样带号　　样带长　　样带宽　　海拔区间　　调查日期

起止时间　　样带起止位置　　样带起点坐标　　天气状况　　调查员

物种名称	观察对象及数量						生境	海拔（m）	人为活动类型及程度
	实体	足迹	粪便	尿迹	卧迹	其他			

表 5-3　野外鸟类调查记录表格范本（不定宽样带法）

第　　页　　共　　页

样带号　　样带长　海拔区间　　调查日期　　起止时间

样带起止位置　　样带起点坐标　　天气状况　　调查员

物种名称	数量	视距（m）	视角（°）	生境	海拔（m）	人为活动类型及程度

表 5-4　样点法野外调查记录表格范本

第　页　共　页

样带号　　调查日期　　起止时间　　天气状况　　调查员

样带起点位置　　样带起点坐标

样点 数量/种类	样点$_1$		样点$_2$		样点$_3$		样点$_n$	
	半径（m）	生境	半径（m）	生境	半径（m）	生境	半径（m）	生境

表 5-5　标志—重捕法调查记录表格范本

第　页　共　页

调查时间　　调查地点　　调查员

序号	种名	性别	标志号	温度	时间	生境	重捕					备注
							序号	标志号	时间	次数	备注	

第三节　监测技术规程对动物监测的要求

一、监测指标体系（见表 5-6）

表 5-6　野生动物监测指标体系

指标类型	监测指标	指标内容	单位
种类	物种名称、数量	指在监测样线上发现的动物物种种类和数量	种
种群	实体遇见数	指单位长度监测样线上发现的动物实体数量	只/km
	粪便遇见数	指单位长度监测样线上发现的动物粪便数量	堆/km
	足迹遇见数	指单位长度监测样线上发现的动物足迹数量	个/km
	分布格局	指动物实体、粪便、足迹和各种活动痕迹在监测样线上的空间分布情况	
干扰状况	干扰类型	指在监测样线中发现的干扰种类	
	干扰遇见率	指在监测样线上发现的干扰因子的频度	次/km
	分布格局	各种干扰因子在监测样线上的空间分布情况	

二、兽类监测方法

（一）监测时间

每年监测 2 次，分别于每年的 3~5 月和 10~12 月进行。

（二）监测样带（点）设置原则

（1）尽可能包括被监测物种分布的主要生境类型。

（2）尽可能接近水源和利用保护区/国家公园现有的小路。

（3）应分别设置在人为活动强度不同的区域。

（4）每一样带应相对独立，中型以上保护区/国家公园宜设置 10 条以上样带。

（5）样带宽度应根据监测对象确定，长度视实际地形确定，应不小于 2km。

（三）样带（点）标记与编号

（1）用卫星定位仪对样带样点进行定位。

（2）根据卫星定位数据，在地形图中勾画出样带及样点。

（3）样带每隔 500m 埋设一个规范的标记桩，两标记桩之间每隔 100m 设置一块标记牌，标记桩上标明样带编号和样带长度。

（4）每一样点埋设一个规范的标记桩。

（四）编　号

（1）样带（点）编号均采用保护区名称首字母组合+流水编号。

（2）采用 L01 作为 1 号样带流水编号，依次类推。

（3）样带标记桩以 L01-0 为 1 号样带的起点，L01-1 为 1 号样带上的第 1 标记桩，依次类推。

（4）采用 P001 作为 1 号样点流水编号，依次类推，处于同一样带上的多个样点应连续编号。

（五）监测方法

各保护区/国家公园可根据不同的监测对象，选择下列适当的监测方法：

（1）鸣声监测法（仅适用于具清晨鸣叫习性的长臂猿）：根据长臂猿的活动规律，把监测人员分为 2~3 人的几个小组，每天日出前 30 分钟，分别同时到达各选定听点，同时分别监听长臂猿晨鸣，要求记录每一群体晨鸣的“起止时间、位点、方位角”，至中午 12：00 止。如此持续监听 5 天。有条件的保护区/国家公园应做定向录音结果分析，以验证调查者耳辨结果的可信度。

（2）直观监测法（适用于昼行性的大中型兽类及易于观察的小型兽类）：根据目标物种的活动规律，把监测人员按 2~3 人分组，分别沿一定的监测路线行进，注意观察、记录前方视线范围内各兽种的实体、体形大小、主要特征、性别及其活动的生境情况，发现动物时的卫星定位仪定位点、时间、与样线（点）的垂直距离及方位角。要求记录相关信息并拍摄照片，清除监测对象踪迹。每条样带间隔 7 天后做 1 次重复监测。

（3）踪迹监测法（适用于大中型兽类）：监测者沿样带按 1~2 km/小时的速度行走。观察、记录兽类实体或兽类活动遗留的踪迹——足迹、粪便、擦痕、抓痕、洞穴、卧迹、脱毛、食痕、尿迹等，要求记录相关信息并拍摄照片后，清除监测对象踪迹。每条样带间隔7天后做1次重复监测。

（六）内业数据资料处理

1. 制作野外种群分布图

基于GIS软件，利用监测数据制作兽类动物实体、粪便、足迹在监测样带上的时空分布位点图（不同生境、不同海拔区间、不同管护片区等）。

2. 数量统计

鸣声监测法统计公式：

$$M = G_s N$$

式中，M——个体数量；

G_s——平均群大小；

N——监测区域内的鸣叫群体数。

（1）直观监测法：直接统计监测区域内动物的种群数量。

（2）踪迹监测法：直接统计监测区域内不同动物的踪迹数量。

三、鸟类监测方法

（一）监测时间

每年监测越冬鸟和繁殖鸟各1次，具体监测时间应根据主要监测对象确定。

（二）监测样带（点）设置原则

（1）样带应尽可能覆盖监测物种在保护区/国家公园分布的生境类型。

（2）应设置在群落交互区及视线宽阔的线路上，并尽量利用保护区/国家公园现有的小路。

（3）每一样带应相对独立，中型以上保护区/国家公园应至少设置10条样带。

（4）样带宽度视物种分布生境确定，长度应不小于1km，样带之间的最小距离不少于250m。

（5）可与兽类样带结合设置。

（6）鸟类繁殖期频繁活动的生境类型区。

（7）采用不固定半径样点。

（8）各样点之间距离不小于200m，数量不少于30个。

（三）样带（点）标记与编号

与兽类监测方法相同。

（四）监测方法

在日出后4小时内进行监测，大雾、大雨、大风天气除外。

（1）可变样带监测方法：监测者沿样带行走，速度为1~2km/小时，边走边聆听与观察，发现鸟类时以双筒望远镜观察，确定其种类、数量和活动情况。发现鸟类痕迹（粪便、羽毛）时应仔细观察，确定其种类和数量。要求记录相关信息并拍摄照片。每条样线间隔7天后做1次重复监测。

(2) 样点监测方法：监测者到达每一个监测样点后，应安静地等待 5 分钟再开始计数。每一样点调查时间为 10 分钟。将观察到以及听到的鸟类和鸟类遗留痕迹（鸟巢、粪便、羽毛）记录下来，要求记录相关信息并拍摄照片。每个样点间隔 7 天后做 1 次重复调查。

（五）内业数据资料的处理分析

统计监测记录到的鸟类种类数量及相关数据。

四、两栖动物监测方法

（一）监测时间

每年监测 2~3 次，一般在每年的 4~10 月进行，具体时间根据监测对象的生态习性及监测目的而定，繁殖期间至少进行 1 次监测。

（二）样线设置原则

(1) 尽可能包括被监测物种的主要生境类型。

(2) 针对主要活动区域为溪流的监测对象，尽可能沿溪流分段布设。

(3) 每种生境类型设置 3~5 条样带。

(4) 样带宽度 8~12m，长度 0.5~2.0km，视实际地形而确定。

（三）样方设置原则

(1) 样方应设置在两栖类动物繁殖期间集中活动的区域。

(2) 尽可能包括被监测物种的主要生境类型。

(3) 尽可能符合监测对象的特点。

(4) 样方面积为 10m×10m，按照每种生境类型监测面积的 1%确定样方数量。

（四）围栏陷阱设置原则

(1) 陷阱应设置在两栖类动物繁殖期间集中活动的区域。

(2) 尽可能包括被监测物种的主要生境类型。

(3) 每种生境类型布置 3~5 条围栏，每个围栏设置 10~16 个陷阱。

（五）样带（方）和陷阱标记与编号

(1) 样带与兽类监测方法相同。

(2) 样方采用 Q001 作为 1 号样方流水编号，依次类推，处于同一样带上的多个样方应连续编号。

(3) 采用 T001 作为 1 号围栏流水编号，依次类推；T001-1 为 1 号围栏上的 1 号陷阱，依次类推。

（六）监测方法

(1) 样带监测方法：沿监测样带以 1~2km/小时速度行走。边走边聆听与观察，听到或看到两栖动物时，确定其种类、数量和活动状况，要求填写相关信息并拍摄照片。每条样带间隔 3~5 天做 1 次重复监测。对野外不能确定的物种需采集少量标本，野外工作结束后做进一步鉴定。

(2) 样方监测方法：监测样方内听到或看到的两栖类动物种类、数量和活动情况，要求填写相关信息并拍摄照片。每样方间隔 3~5 天后做 1 次重复监测。对不能确定的物种需采集少量标本，野外工作结束后做进一步鉴定。

（3）围栏陷阱法：每年至少监测 2 次，每次有效监测时间为 7~10 天。在监测期至少隔天上午 7~10 时察看围栏陷阱，收集物种信息，对每一个体拍摄照片，记录完后释放。

（七）内业数据资料处理

1. 样带监测法——种群密度

$$M_i = \frac{N_i}{LW}$$

式中，M_i——动物 i 在单位面积内的密度；

N_i——动物 i 在整个样带中所有的记录数；

L——样带长度；

W——样带宽度。

2. 样方监测法——种群密度

$$M_i = \frac{N_i}{S}$$

式中，M_i——动物 i 在单位面积内的密度；

N_i——动物 i 在整个样方中所有的记录数；

S——样方的面积（m^2）。

五、爬行动物监测方法

（一）监测时间

每年监测 2 次，具体监测时间根据监测物种的生态习性及监测目的确定，一般在 4~10 月。

（二）监测样地设置原则

（1）尽可能包括被监测物种的主要生境类型。

（2）尽可能沿其主要活动区域分段布设。

（3）每种生境类型设置 4~6 条样带。

（4）监测小型物种样带宽度为 8~12m，大型物种为 16~20m。样带长度 1~3km，视实际地形而确定。

（三）监测样方设置原则

（1）主要针对小型爬行类物种。

（2）样方应设置在爬行类动物集中活动区域。

（3）尽可能包括被监测物种的主要生境类型。

（4）样方面积为 10m×10m，按照每种生境类型监测面积的 1%确定样方数量。

（四）围栏陷阱法设置原则

（1）主要针对小型爬行类物种。

（2）陷阱应设置在爬行类动物集中活动的区域。

（3）尽可能包括被监测物种的主要生境类型。

（4）每种生境类型设置 4~6 条围栏，每个围栏设置 10~16 个陷阱。

（五）样带（方）和陷阱标记与编号

与两栖动物监测方法相同。

（六）监测方法

与两栖动物监测方法相同。

（七）内业数据资料处理

与两栖动物监测相同。

第四节　监测报告编写

主管部门要求各保护区按年度编写监测报告，监测报告提纲如下：

1　监测地区基本情况

2　工作概况

2.1　监测工作的目的与任务

2.2　已有的工作基础

2.3　参加工作的人员组成

2.4　监测对象的选定

2.5　监测内容、时间和范围

3　监测方法

4　监测结果与分析

4.1　各类植被监测样地的调查结果与分析［按不同植被亚型（群系组）分别报告］

4.2　各种植物监测样地的调查结果与分析（按不同的植物种分别报告）

4.3　各类动物监测样地的调查结果与分析（按不同的动物种分别报告）

4.4　环境要素监测结果与分析

4.4.1　森林气象定位监测结果与分析

4.4.2　主要保护植被涵养水源功能监测调查结果与分析（按不同植被类型分别报告）

4.5　外来入侵植物监测结果与分析

5　今后的监测计划

6　意见与建议

监测报告通常需要如下附图：①监测路线及样点布局图；②监测植被类型分布图；③监测野生植物分布图；④监测野生动物分布图；⑤外来干扰威胁图；⑥监测综合评价图。

本章参考文献

［1］蒋宏，阎争亮．自然保护区生物多样性监测技术规范［M］．昆明：云南科技出版社，2008.

［2］李玉媛．莱阳河自然保护区定位监测［M］．昆明：云南大学出版社，2003.

［3］林业部科技司．森林生态系统定位研究方法［M］．北京：中国科学技术出版社，1994.

［4］国家林业局野生动植物保护司，自然保护区巡护管理［M］．北京：中国林业出版社，2002.

第六章　野生动物捕捉与保定

野生动物救助、野生动物疫源疫病监测取样、野生动物研究和鸟类环志等工作，经常需要捕捉动物。作为自然保护工作人员，应知悉捕捉野生动物的法律规定，掌握野生动物捕捉工具和方法。

第一节　捕捉野生动物的法规程序

一、行政许可

出于研究目的捕捉野生动物，对受伤野生动物进行救助，捕捉野生动物采集病理样品，均需获得野生动物主管部门的行政许可。捕捉野生动物之前，要明确捕捉动物目的、种类、数量、方式和地点，拟定恰当的捕捉方案，并按照中华人民共和国野生动物保护法的相关规定，按程序要求上报国家林业局或省市林业主管部门批准，获得行政许可后方可实施捕捉。如果是救护受伤的国家重点保护野生动物，可以边捕捉边申请行政许可。

二、捕捉地点

从事科学研究或因疫源疫病调查监测，需要捕捉野生动物采集样品，要认真选择捕捉地点。捕捉地点应选在交通相对方便，距离道路不远的地区，便于样品的送检运输。同时要注意选在捕捉动物经常活动的生境，动物个体数量密度应该较大，以提高捕捉效率。依据捕捉动物是否为保护动物还是非保护动物及其生态习性，确定捕捉方式和工具。

三、捕捉工具

分为杀伤性捕捉工具和非杀伤性捕捉工具。枪支、踩夹、绳套、鼠夹属于杀伤性捕捉工具，用于采集不要求是活体的动物，或者采集广泛分布，不是重点保护的常见动物。非杀伤性捕捉工具，通常不会对动物造成伤害，或者对动物造成的伤害很小，捕捉的动物是活体，可以将其带回实验室做深入研究观察。非杀伤性捕捉工具适用于捕捉要求为活体动物，法律规定的保护动物和珍稀动物，或在采集所需样本后，要求对动物进行标志后放归自然的某些特定动物。

第二节　鸟类捕捉

一、张网捕鸟

（一）张网特点

张网又称雾网或粘网，是目前使用最多、最方便的捕鸟工具。张网多用腈纶线编织而成，一般为黑色或绿色。通常长6~15m，高度3~6m。购买前要依据使用目的和捕鸟地区的地形，选用适当大小的网。在农田、草原、灌丛生境捕捉鸟类，张网可以大一些；在森林中捕鸟，张网尺寸要小一些。

（二）布网要求

（1）选择架网地点。架网之前，要观察好鸟类觅食、饮水时来回飞翔的路线，选择在鸟类饮水处、觅食场所、地边、林缘和灌丛边上架网捕捉。

（2）选择张网时间。鸟类清晨和黄昏活动频繁，张网应在清晨和傍晚，捕获效率高。

（3）有风天气张网捕鸟，要使网正对风向。风力超过四级，不能张网捕鸟。

（4）张网数量不能太多，网和网距离不能太远。捕鸟人员要确保不因架网太多，而没有足够的人手和时间及时处理网捕鸟类。

（5）张网两端拉竿要垂直，用牵引绳固定。网上纲线要拉紧，让网形成松弛的网兜。

（6）不要在繁殖季节张网捕鸟，不要在鸟巢附近张网捕鸟。下雨、落雪、刮大风等低温天气不要张网捕鸟，以保证鸟类的安全。

（7）若在小雨天气捕鸟，应增加巡网频次，及时将鸟从网中取出，避免鸟在网中时间太长，导致体温丧失死亡。

（8）为提高捕鸟效率，可在张网附近播放鸟鸣录音，吸引鸟类上网。

（三）解鸟技术

解鸟是指把鸟从张网中安全、迅速取出来的技巧，需要心平气和，视觉敏锐，手指灵巧。从网中解鸟的技术要点如下：解鸟就是把鸟撞进网中的过程反过来。先察看鸟是从网的哪一面撞进网兜。确定鸟进网方向后，站在进网方向一面，用手打开网兜，抓住鸟的身体，固定鸟的头部，将鸟从网中拿出。若鸟的脚趾抓住网线，用手将其分开取出。如果鸟撞入网中时间不长，用这种方法很容易将鸟从网中取出来。如果鸟进网时间较长，鸟头、翅膀、腿和脚趾均被网线缠绕，解鸟就非常困难。先要让鸟的两只脚脱离网线，用手将鸟两脚固定，用嘴吹开羽毛，观察网线缠绕部位，用竹制牙签作为辅助工具，挑脱网线。如果实在解不开，只能剪断网线将鸟取出，以后再用线将网重新连接。

二、其他捕鸟方法

（1）扣网罩笼捕鸟：依据捕捉鸟类的地点和捕捉鸟类的特点，制造大小不同的扣网或者扣笼，将其布设在鸟类觅食活动地点，人在远处隐蔽，等鸟进入扣笼觅食，拉倒支撑扣笼的木棍，扣网或罩笼掉下，将鸟捕获。

（2）长竿环套：用12号或14号钢丝或铁丝，做成葫芦形状的环，大环直径20cm，小环直径3cm，环口处2cm。将这个金属环固定在3m长的竹竿一端。夜间在森林中用手电寻找睡觉的猛禽或鸡类，将大环套进鸟的颈部，快速下拉，使鸟头部卡在小环中，不能脱逃。注意将大环套进鸟类颈部时，不能触碰到羽毛使其受惊飞逃。

（3）捕捉笼：民间用于捕捉鸟类的翻笼和踩笼，也可用于捕鸟采集样品。这类捕捉工具，每次只能捕捉1只鸟，捕捉效率不高。如果监测取样要求一定个体数量，则需要使用多个捕捉笼。

（4）沟捕：选择猛禽活动的开阔地方，挖一条长5~6m、深0.6~0.7m、宽0.25m的沟，把几只剪去翅膀不能飞行的鹌鹑或其他鸟，放进沟中作诱饵。猛禽看见沟中小鸟，扑下来捕食，进沟时并翅而入，欲飞出沟时张不开翅膀，同时也很难跳出来，故被捕获。

第三节　兽类捕捉

一、捕捉笼

捕捉笼用于捕捉鼠类、鼬类、小型猫类、灵猫类和犬类动物，笼子用铁丝或钢丝编织。大型兽类捕捉笼通常使用钢筋焊接而成，笼体有前后左右上下6个面，仅在前面有一活动门。活动门通过弹簧、挂钩、踏板、发销等装置与诱饵相连。使用时将捕捉笼置于动物觅食活动区域，活动门打开，笼内放置诱饵，将触动活动门的机关设置好。动物被诱饵吸引，进入笼中，触动机关，活门关闭，动物被捕。

弄清捕捉笼的结构和原理，可以根据捕捉动物的种类、体形和习性，设计捕捉某种动物的捕捉笼。兽类天性谨慎，嗅觉灵敏，对捕捉笼警惕性极高，轻易不会进入笼内取食。捕捉笼在野外需要放置较长时间，待捕捉笼上沾染的人体气味消失，动物对捕捉笼习惯后，才会被笼内诱饵吸引，进入笼中取食。这一过程需要2~3周或更长时间。

二、围　网

适用于捕捉斑羚、中华鬣羚、麂子、毛冠鹿、兔子等草食兽类，在非洲已被成功用于捕捉斑马、水牛、羚羊等动物，中国山区居民过去用围网捕捉獐、麝、麂、兔。围网高2.5~4.5m，长度依据地形确定，可以从数十米到数百米。围网选用直径4~5mm的尼龙绳编织而成，围网的尺寸、绳子的粗细、网眼的大小应根据捕捉兽类的体形设计。围网的尼龙绳不能太细，太细牢度不够，还会造成动物在网中挣扎时受伤。网眼以动物头能钻过为宜，使动物撞网时头穿过网眼，而身体不能通过，被网兜包裹失去运动能力被捕。围网的颜色以草绿色、灰褐色为佳。

使用围网捕捉兽类，需先将网垂直布好，依据网的大小和高度，隔一定距离用木棍将网立起，用易断的稻草或细线将网固定。捕捉兽类时数人间隔一定距离，并排从远方将动物向围网方向驱赶。可以用吹哨、敲锣、击鼓等方式恐吓动物向围网方向逃窜，动物撞网后，网落下裹住动物。

动物撞网后必然剧烈挣扎，应立即采取措施，迅速抓住其后腿，立即上提使之悬空，切莫用身体使劲压住动物，以免动物受伤。麂子的后腿力量很大，加上蹄尖锐利，注意不要被其蹬伤。

野外救助被关在笼舍内饲养的动物，需要再次捕捉进行检查治疗，适合用围网捕捉。两人持网两端，围捕动物，使其撞入网中被缠住。在笼舍内使用围网适合捕捉牛科、鹿科食草类动物。

三、天　网

天网面积通常为 80～100m^2，用尼龙绳编织而成。在草食动物经常觅食的草地，将与天网同样面积的地表草割去，用 4 根立柱和地柱相连接，将天网架好，用长绳子控制天网立柱。待被割草地萌发嫩芽，在地表撒盐，吸引动物前来吃草舔盐。派人隐蔽蹲守，当动物进入天网中间区域，拉倒控制立柱的尼龙绳，天网落下，罩住动物。这种捕捉方法对动物伤害小，适合捕捉大型珍稀动物，但费时费力，对生境有一定干扰。

四、火箭牵引网

火箭牵引网利用火药爆炸产生的力量，将网快速发射出去罩住动物。特点是隐蔽性好，发射迅速突然，受环境条件限制小，适于捕捉各种动物。网片用尼龙绳编结，依据捕捉对象确定网绳粗细、网眼大小和网片尺寸。通常一张网片长 10～20m、宽 20m，使用时可将多张网片连接使用。网的一边与火箭相连，布设网具时将火箭以 45°角固定于地表，网片仔细叠好，妥善伪装，等动物进入预定区域，按动电钮点燃火箭，火箭牵引网片罩住动物。火箭抛拉网的火箭可以反复多次使用，但因使用易燃易爆的火药，应特别小心。同时，由于火药属管制物品，办理购买手续非常麻烦。因此，在中国使用火箭抛拉网捕捉动物并不常见。

五、围栏与跑道

在草原和荒漠栖息的兔形目和有蹄类兽类，习惯沿着一定的路线奔跑。根据这种习性，可以组织几个人驱赶，在路的尽头设置大围栏和跑道，围栏逐渐收口变窄，末端设置有保定装置的小栅栏，动物进入小栅栏后触动机关被捉。围栏的面积应不小于 100m^2，应设置在动物经常活动的地方。

六、绳　套

用尼龙绳、钢丝绳、植物纤维做的绳子，一端做成活套，一端固定。安置在兽类活动的兽径上，动物经过时被套住头或腿，不能逃脱被捕获。因绳套对动物有一定伤害性，需要经常巡视检查，或采取一些减缓损伤的措施。

七、套　索

套索适合笼舍内捕捉动物。在长木棍的前端固定一条粗绳，粗绳做一个活套。套索捕捉动物像牧民套马。若大型动物被套住后，再用绳索缠住四肢，将其拉倒。也可用长 10m 的圆绳和长 20cm 的小木棍 1 根，在绳的正中段打 1 个双活结，将绳套绕于颈基部，接头处用两绳套互相套叠，用小木棍固定，绳的两端经两前肢间向后牵引，分别经两后肢内侧向外缠绕系颈部 1 周，并将原绳段缠绕 1 次，分别从同侧颈部绳圈内侧绕出，再向后牵引。此时由两人分别在动物的左后方和右后方用力拉绳，另一个人保定动物头部，使动物在绳索的控制下自然卧倒。这种方法适合捕捉保定在笼舍中的大型食草动物，如羚牛、鹿等。

八、手操网

将3mm粗的尼龙线编织的圆锥形网袋，安装在圆形的钢筋圈上，网圈固定在长1.5~2m的结实木柄上。手操网钢筋圈的直径，钢筋的粗细以及网袋材料和深度，依捕捉动物个体大小而定。捕捉灵长类动物的手操网钢筋圈直径45cm，网袋深65~70cm。捕捉小型猫科动物和鸟类的手操网可以适当小一些，材料可以用布料或细网眼的编织网。

手抄网野外主要协助保定被其他工具捕捉的动物。受伤生病不便行走的动物，可用手抄网捕捉。在笼舍中关养的中小型动物，可以用手抄网直接捕捉。

第四节　麻醉捕捉

一、麻醉工具

常用麻醉工具有麻醉枪、吹管和长柄注射器。

（1）麻醉枪：步枪型麻醉枪射程较远，通常以火药为发射动力，有效射程为25~30m。手枪型麻醉枪用高压气体作为发射动力，射程只有10~15m。麻醉弹是一支特制的注射器，由针头、药筒、注射活塞、发火管和保持平衡的麻尾5个部分组成。麻醉弹针头进入动物体内的瞬间，位于注射活塞后面的发火管里面的重锤，因惯性继续运动，撞击火帽，引起火帽内雷汞燃烧爆炸，迅速推动活塞将麻醉药注入动物体内。步枪型麻醉枪因射程远、射击精度高，常被用于野外捕捉动物麻醉。手枪型麻醉枪多用于近距离或在笼舍内捕捉动物。枪械在中国受到严格管制，麻醉枪的购买使用，均须获得特别批准，目前在野生动物救护实践中使用较少。

（2）麻醉吹管：吹管制作简单，造价低廉，适合麻醉笼舍内动物，也可在野外近距离麻醉动物。缺点是射程短，仅为10m左右。用1.5~2m的不锈钢管或铝管作为吹管，也可用PVC塑料管作为吹管，吹管内侧管壁越光滑越好。吹管内径约为1.2cm，以能置入常用的5~10ml一次性注射器为标准。麻醉吹针由5~10ml一次性注射器改装，针头端部侧面用锉刀开一小孔，用小块橡皮封闭。用长3~5cm的细毛线或麻束，绑扎在注射器尾部，起到稳定针管的作用。注射器活塞使用丁烷作为注射动力，或用橡皮筋做注射动力。将装好麻醉药的注射针装入吹管内靠嘴端1/3处，瞄准动物后用力将注射器吹出。在注射器针头扎入动物肌肉的瞬间，运动惯性将针头橡胶皮推开，丁烷气体膨胀将药液推入动物体内，或在橡皮筋的作用下将药物注入动物体内。吹管射击精度不如麻醉枪，有效射程较短，但使用成本低，可以多次使用，因此得到广泛应用。使用吹管麻醉动物，需要经常练习吹管射击，以提高射击精度。

（3）长柄注射器：将一次性注射器用粘胶固定在长管子的前端，把注射器活塞末端固定一根细长的铁棍或木棍上，连接注射活塞的长柄要比固定注射器的管子长一些。通过操控长木柄，将麻醉药注入动物体内。这种方式适合对关在狭小笼舍中的动物进行麻醉注射。

二、麻醉器材使用

使用麻醉枪和麻醉药应谨慎小心，使用者必须对麻醉枪和药剂的性质十分熟悉，用药量恰到好处，注射弹针头的长度要适当。对可能出现的问题应预先有所准备，设想好麻醉药过量中毒的解救方法，并准备好解药，同时还要做好自身保护。使用 M－99 麻醉药必须戴好手套，避免抽取药剂时溢出沾染皮肤。特别在有风和人员杂乱的情况下更应注意。

麻醉弹命中的位置，应在动物大腿和臀部肌肉丰满处。射击前先观察确定弹道没有障碍再发射。如果麻醉弹没有射中目标，事后必须找回。特别是有剧毒麻醉剂的注射弹，切不可掉以轻心，让其遗留在野外。如果动物带走注射弹，必须跟踪动物，及时将注射弹取回并对动物实施救助。

麻醉药和麻醉枪一样，受到公安部门的严格管制。根据中国《麻醉药品精神药品使用管理条例》的规定，购买和使用麻醉药，都有非常严格的管理手续，使用麻醉药品时应严格遵守有关规定，仔细阅读麻醉药品的使用说明书，再行用药，以确保安全正确使用麻醉药。由于使用麻醉药麻醉动物涉及多方面的知识和实践经验，通常由资深的动物专家或兽医使用。

三、常用麻醉药

（1）埃托芬（Etorphine Hydrochloride）：英国、德国生产的强效镇痛和肌松类麻醉剂，英文名“Immobilon”，中文称“保定灵”，简称 M－99，在许多国家由政府有关部门严格管制。M99 的拮抗剂，英文名“Revivon”，简称 M5050，用量与 M99 的用量相同，例如肌肉注射 M99 为 2.5ml，动物需要复苏则静脉或肌肉注射的 M5050 用量也为 2.5ml。M99 的特点是安全系数高，有拮抗解毒剂，能使动物很快恢复。缺点是价格昂贵，对人有危险性，被其麻醉死亡的动物肉不可吃。M99 为亚洲象首选麻醉剂。剂量为每 1000kg 体重注射 0.6～0.8ml，平均剂量为 0.7ml。如体重 3700kg 的亚洲象，需要注射 M99 为 2.59ml。上述剂量麻醉维持时间 90 分钟左右。M－99 可与镇静剂混合使用，例如和 Rompun 混合使用，对有蹄类动物和熊类麻醉保定作用很强。

（2）眠乃宁：又叫陆眠宁、鹿眠宁、特制眠乃宁，为长春军事医学科学院兽医研究所的中试产品，具有强效的中枢镇静、镇痛和肌肉松弛作用。眠乃宁因安全性高，价格合理，有拮抗药物而被广泛使用。拮抗药为陆醒灵，也叫速醒灵或苏醒灵。麻醉动物复苏时用苏醒灵 3 号与 4 号按 1∶1 的比例混合使用，催醒效果更佳。眠乃宁为无色透明液体，拮抗药系蓝色透明液体，通过颜色容易区分，能防止错误注射。为牛类和鹿类动物麻醉首选药物之一。也用于麻醉大象，但诱导期较长，需要密切观察。其麻醉期 60～150 分钟，一般可以满足救助治疗需要。眠乃宁麻醉大象的缺点是需要剂量大，对大象的野外救护给药困难。但如果是小象或者注射比较方便的成年象，在没有 M99 的情况下，可用眠乃宁代替。用量按每 1000kg 体重 4～6ml 肌肉注射给药，根据体重计算所需麻醉药的全部用量后，分 3～4 次注射，每次间隔 15～20 分钟，以观察给药后反应。当药量达到全量后，15～20 分钟逐渐出现麻醉状态。用“陆醒宁”复苏麻醉象用量毫升数与眠乃宁的用量毫升数比例为 1.5∶1，肌肉注射眠乃宁 10ml，则需要静脉或肌肉注射的陆醒宁为 15ml。

（3）速眠新：曾用名 846 合剂，具有强效的中枢镇静镇痛和肌肉松弛作用，对心血管和呼吸功能有一定程度的抑制作用，但在动物生理波动范围，机体可自行适应，不构成有害作用。必要时可用东莨菪硷和阿托品类药物拮抗其对心血管功能的抑制作用，安全性较高。用特制苏醒灵 3 号来解除麻醉。速眠新用于麻醉熊类的剂量为 10～15ml/100kg。

（4）氯胺酮：使用广泛的麻醉药。动物麻醉过程中易出现唾液分泌增多，暂时性兴奋，抽筋或呕吐现象，可配合注射阿托品抑制唾液分泌。氯胺酮为灵长类动物常用而且安全的麻醉药，每千克体重肌肉注射 6～10mg。麻醉诱导期 3～5 分钟，麻醉后恢复期较长。如果需要延长麻醉时间，可在麻醉后期追加原注射量的 1/3～1/2 药物。麻醉猫科动物，剂量按 5～10ml/kg 体重，肌肉注射。如果需要继续麻醉，追加剂量应该通过静脉注射。如果追加剂量仍然采用肌肉注射的话，将会不必要地延长恢复期。麻醉熊类剂量为 10～20mg/kg。若麻醉熊出现兴奋或抽搐时，要保持安静，不能对动物再加刺激，同时肌肉注射安定，每千克体重注射 0. 2～0. 5mg。麻醉可以多次追加剂量，每次追加剂量为原来的 1/4～1/2。如果麻醉过深，可用育亨宾药物解毒。

（5）氯胺酮-安定复合麻醉：氯胺酮与安定分别肌注麻醉保定动物，可使麻醉时间延长，而且能避免动物出现兴奋或抽搐痉挛等副作用，并可减少氯胺酮的用量。适用于较长时间的手术麻醉保定和诊断治疗保定。盐酸氯胺酮与盐酸二甲苯嗪（0. 5～1mg/kg 体重）或安定（0. 1～0. 5mg/kg 体重）联合使用对所有猫科动物的长时间麻醉比较适用。可以消除氯胺酮导致某些猫科动物的痉挛发作。用于麻醉熊的剂量为 2～4mg/kg 体重，安定 0. 2～2mg/kg 体重，若需延长麻醉时间，氯胺酮和安定都可以多次追加。

（6）噻芬太尼：又叫新保灵，拮抗药是回苏 1 号，剂量 0. 048mg/kg。用于麻醉熊类剂量为 0. 012mg/kg 体重。使用新保灵麻醉动物，有些个体麻醉前期比较长，这时要耐心观察等待，不能急于追加或重复用药，以防麻醉过深而引起中毒导致死亡。新保灵容易通过皮肤吸收引起人中毒。如果发生中毒，首先用大量清水冲洗掉药液，立即注射解药。常用解毒药为丙烯吗啡，剂量为 0. 06mg/kg。新保灵中毒主要是抑制呼吸，因此要采取人工呼吸。

（7）罗苯（Rompun）：镇静止痛和肌肉松弛剂，优点是对人畜安全；缺点是注射后动物需经很长时间才能进入深度麻醉，恢复期长，没有解毒剂。

四、动物麻醉后处理

麻醉弹击中动物后应保持安静，待动物进入麻醉状态倒地后，先观察呼吸、心跳、瞳孔的变化，同时将麻醉动物的舌头拉出口外，调整好头部位置。有些麻醉药能引起动物产生很多唾液，反刍动物被麻醉后，胃中食物有可能流出，可能堵住动物的呼吸通道，引起动物死亡，应予以特别观察并及时处理。让麻醉动物侧躺，蒙上双眼使其安静。若情况正常，可对动物进行救治或采集样品。处理时若发现动物有苏醒迹象，可减半追加麻醉药。在治疗救护完成后，先给动物注射解药，静脉注射时推药速度不能过快。同时清理现场，然后工作人员尽快撤离，在安全距离观察动物苏醒恢复情况。救护治疗过程中，其他工作人员要随时观察动物的麻醉状态，若情况异常，应迅速注射解药。

由于麻醉药给动物造成强烈的痛苦记忆，经常因药量无法精确计算，导致被麻醉动物出现生命危险甚至死亡。因此，除了对大型兽类和凶猛兽类进行救护治疗时，为了人身安全必须使用麻醉保定动物外，其他能不使用麻醉药捕捉保定动物时最好不用，改用普通的物理方法捕捉保定动物更安全，成本也更低廉。

第五节　动物保定与照料

一、动物保定

如果不是被麻醉捕捉保定的动物，需要特别的保护固定措施，以便确保动物和工作人员安全。将动物固定后，才能救助治疗或取样操作，简称动物保定。

通常保定动物采用特制的动物保定笼，保定笼内有用于控制动物的活动隔板，笼子的尺寸根据被保定动物大小确定，活动隔板能向某个方向移动，将笼舍内动物的活动空间逐渐隔离变小，最终让笼中动物失去活动空间，被固定在笼中某个地方不能移动，从而让救治或取样等工作可以顺利实施。保定笼通常需要定制或自行制作。保定笼的大小应保证动物不能转动身体，隔板能牢牢固定，不会因动物挣扎发生移动或被破坏。也有使用绳索捆绑动物，达到保定目的。

二、动物的照料

野生动物被捕捉后，通常精神高度紧张，如不能及时让它松弛下来，严重的可能因惊恐死亡。进行治疗或取样之前，先要妥善照顾被捕捉的动物，尽量使动物感到舒适。将动物处于较为舒适的位置，或保持舒适的姿势，用黑色布袋把动物眼睛蒙起来，可以使动物比较安静，还可保持动物的眼睛湿润。对听觉灵敏的动物，可用棉花球将其耳朵堵住。

三、种类鉴定

首先对捕捉个体进行种类鉴定。完成物种鉴定工作后，若不需要制作标本的动物，可以拍摄照片存档备查。拍摄动物照片要侧面、正面、背面、腹面各拍一张，如有必要，特殊构造和器官还应拍摄局部特写。依据捕捉动物的目的，迅速做完相关处理。如果不需要进行观察研究的活体动物，应在捕捉地及时就地释放；如果需要观察研究的动物，或者是已经死亡的个体，按规定程序处理。

四、活体与死体的处理

若进行样品采集捕捉的野生动物，可以分为处死后取样和活体取样后就地释放两种方式。处死捕获动物的方法很多，小型兽类可以用氯仿乙醚或戊巴比妥钠等药物，将动物在密闭容器内麻醉致死；大型动物需要有一定经验的人处死，通常可以采用保定后，切断颈部动脉血管放血处死。动物处死后依据研究需要及时取样，保留皮张、头骨制作标本。取样后若有生物垃圾和废物，要及时进行无害化处理，样品及时送实验室或按照规定保存。

第七章　野生动物救护

第一节　救护要求

一、救护定义

动物救护可分为两类：一类是对自然界处于特殊状态的动物进行救护；另一类是对非自然状态的野生动物进行救护。自然界的野生动物，有时会因环境的急剧改变，如暴风雪、洪水泛滥、食物严重短缺等原因，导致大批动物死亡或数量急剧减少。作为野生动物保护管理人员，需要及时采取有效措施。这类救护措施本质上属于野生动物管理，在很多论及野生动物和保护区管理的著作中已有详细叙述。这里主要介绍非自然状态下野生动物的救护，即野生动物在野外受到创伤或身体虚弱，正常活动受到影响，需要进行救治处理；或者在执法中没收的野生动物。这些动物有的受伤，有的在不良笼舍中长期关养，健康状况不佳，如果将这类受伤或生病的动物直接释放野外，很可能在野外无法正常存活，需要对这些动物进行救助治疗，康复饲养，最后经状况评估后才能放归自然。

二、野生动物救护要求

（1）准备好适用的捕网、笼具、保定器材和药品，由有动物救护经验的人员负责处理。

（2）不能使用可能对动物造成伤害或者不适宜的设备处理动物。

（3）平时要做好检查，妥善保管，及时清理和更换失效或损坏的动物救护器材。

（4）若对动物使用麻醉保定，最好请兽医或专家到现场指导，或请他们提供具体建议。

（5）处理救治动物的全过程应有完整记录，详细记录才能用于比较各种技术在不同情况下的效果。记录应有备份，由业务主管人员负责保存。

（6）如果可能，每只被救助治疗的动物都要称重、测量和做全面体检，所得数据存档。

（7）如果可能，被救助动物的粪便样品应收集并保存在10%的福尔马林中，以便将来做寄生虫检查。容器要贴上标签，写明动物种名和样品收集日期。

三、救护饲养原则

（1）为动物提供安静和清洁的环境，白天要凉爽，夜间要暖和，不让动物暴晒或被雨淋。

（2）动物笼舍应通风良好，冲洗后能干得较快。

（3）饲料必须清洁干净，不腐败变质，可能的话多喂新鲜的食物。

（4）每天为动物提供充足、清洁、新鲜的饮水。

（5）喂饲用具要保持清洁，每次用过后要清洗。

（6）吃剩的食物和粪便应每天及时清扫。

（7）笼舍和工作间清扫后做简易消毒，接收新动物前笼舍要彻底消毒。用过消毒液的地方要用水冲洗干净，让其自然干燥。

（8）清扫笼舍时，特别是灵长类动物笼舍，工作人员要戴手套、口罩，上岗前洗手，更换衣服和鞋。不同区域使用不同的清洁工具，防止动物和人之间、动物和动物之间疾病传播。

（9）定期对笼舍周围的鼠、蝇、蟑螂进行捕捉或阻碍控制，减少疾病传播的机会。

（10）禁止无关人员接近新来的野生动物，特别是刚从野外运回的动物。

（11）救护动物未做全面健康检查和识别标志前，不得放入其他动物笼舍饲养，也不能直接放回野外，应隔离观察饲养。

（12）工作人员应填写工作日志，内容包括用药、食物、清扫等内容。

四、笼舍尺寸和救助饲养天数

（一）3 天以下的临时关养存放条件

（1）笼内动物不受日晒风吹雨淋，动物容易接近食物和饮水，笼舍便于清扫。

（2）树栖和半树栖物种，如树栖鸟类、某些爬行类、懒猴应放置栖木。

（3）夜行种类如猫科动物和懒猴应有暗箱，树栖种类暗箱要放在高处。

（4）叶猴类要有嫩叶食物。

（二）3 天以上或长期关养要求条件

（1）笼内动物不受日晒风吹雨淋，动物容易接近食物和饮水，笼舍便于清扫。

（2）食肉类动物应有藏身处，即供其休息的暗箱。笼内要有树枝、圆木等可以攀爬的结构及供休息的平台，较大笼舍应附有隔离区，以方便清扫。

（3）树栖和半树栖物种，如树栖鸟类、某些爬行类、懒猴应放置栖木。

（4）夜行种类，如猫科动物和懒猴应有暗箱，树栖种类暗箱要放在高处。

（5）灵长类动物应有平台或树干可供攀爬，应有隔离区，便于清扫。

动物救护关养笼舍尺寸见表 7-1。

表 7-1　动物救护关养笼舍尺寸

动物种类	短期关养笼舍（3 天）	中期关养笼舍（15 天）	长期关养笼舍尺寸
中小型树栖鸟类	底 0.7m×0.7m，高 1m	底 0.7m×0.7m，高 1m	底 3m×3m，高 1m A
中小型爬行类	底 0.5m×1m，高 1m	底 0.5m×1m，高 1m	底 0.5m×1m，高 3m
熊	底 1m×1.5m，高 1m	底 3m×3m，高 2.5m	底 4m×4m，高 3m
熊狸或大灵猫	底 1m×1m，高 1m	底 3m×3m，高 2.5m A	底 3m×3m，高 2.5m A
小型猫科动物	底 1m×1.5m，高 1m	底 3m×3m，高 2.5m	底 3m×4m，高 3m

续表 7-1

动物种类	短期关养笼舍（3天）	中期关养笼舍（15天）	长期关养笼舍尺寸
大型猫科动物	底 1m×2m，高 1m	底 4m×4m，高 2.5m	底 4m×4m，高 3m
懒猴	底 1m×1m，高 1m	底 2m×2m，高 2.5m	底 2m×2m，高 2.5m
猕猴	底 1m×1m，高 1m	底 3m×3m，高 2.5m B	底 3m×4m，高 3m B
叶猴	底 1m×1m，高 1m	底 3m×3m，高 3m B	底 4m×4m，高 3m B
长臂猿	底 1m×1m，高 1m	底 4m×4m，高 3m C	底 4m×5m，高 3m C
小型鹿类	底 3m×4m，高 3m	底 3m×4m，高 3m	底 5m×10m，高 3m B
大型鹿类	底 5m×5m，高 3.5m	底 5m×5m，高 3.5m	底 10m×15m，高 3.5m B

注：A. 关养 2~3 只成年动物；B. 关养 2~3 只成体及幼崽；C. 关养 2 只成体及幼崽。

五、救护野生动物运输规则

（1）起运前让动物吃饱喝足，运输途中饮水供应不能间断。

（2）运输箱、笼大小适当、牢固、通风良好，避免动物过热或脱水。

（3）运输途中谨慎驾驶，避免突然加速和紧急刹车。

（4）运送动物的汽车要直达目的地，喂饲操作能够在不停车的情况下进行。

（5）在发生不可预见的运输延迟时，装运动物的箱、笼应允许增添食物和饮水。

（6）运输途中要对动物身体状况做常规监视，对神经紧张或活动性强的动物要专人护理。

（7）动物运到之前，接收部门要就食物、水、笼舍和饲养人员做好周密准备。新接收的动物，食物和饮水要适当控制，不能暴饮暴食。

（8）在夏天和热带地区，运输应安排在一天中比较凉爽的时候，并避开阳光和风雨。

六、野生动物检疫程序

新到的救护动物进入饲养笼舍或救护饲养恢复后准备放归野外前，必须经历检疫期，以评估其健康状况，确保它们没有潜伏新近感染而尚无症状的疾病。不同的动物种类检疫程序不同，请教有经验的野生动物兽医或专家。有关资料要记录在案，这些记录对动物身体条件和检疫方法本身评估至关重要。

七、生病及死亡动物处理

（1）饲养员平时要注意观察动物的精神状态、食欲、水消耗量、大便的数量和质量、行为及活动方式，发现有病及时报告高级管理人员或请兽医诊断。

（2）对笼养动物给药和医治处理要做好详细的病历记录。

（3）需要延期饲养的野生动物，做好传染病预防注射，并纳入日常管理。

（4）救护过程中死亡的动物，应由有经验的兽医或训练有素的人员做全面解剖检查。

（5）尸检时要取下不薄于 1cm 的各种组织样品，保存在 10% 的福尔马林溶液中贴好标签或冰冻暂时保存。

（6）尸检结果要写成报告存档保存。

第二节　伦理与安全

一、动物伦理

捕捉、保定、运送、饲养野生动物，采集血液、皮肤、组织样品，不可避免地造成动物的疼痛和伤害，影响动物的正常活动和行为。有职业道德的野生动物保护工作者，应该在救护过程中尽量减少对动物的伤害。动物福利这个概念在西方发达国家提出后，已经受到国际社会广泛关注。很多环保人士和动物保护人士呼吁在捕捉、处理、饲养野生动物时，要严格遵循职业道德，尽可能地使动物舒适，避免不必要的动物紧张和疼痛。救护野生动物的过程中，要把动物的不适、疼痛、疾病、折磨减少到最低程度。

捕捉和保定多头动物时，应防止动物过度拥挤；天热时可不时用水淋浴动物，防止动物体温过热。救治动物或抽血取样时，若动物出现呼吸困难或痉挛等异常现象，应立即停止操作，采取急救措施保证动物存活。

野外救助的大型动物如不需运回救护中心，应尽快在野外处理后原地释放；需运回救护中心的伤病动物，应根据动物的实际情况，采取各种保全措施后运输。

二、救护人员的安全保护

在人和脊椎动物之间自然传播的疾病称为人与野生动物共患病。一些不传染给人的野生动物疾病有可能会改变它的致病能力，而零星地传播给易感人员。结核杆菌、布鲁氏菌、狂犬病等病菌在动物中普遍存在，容易传染给有接触史的人员。另外，有些动物还是许多疾病的中间宿主，如弓形虫病、绦虫病、土拉菌病（兔热病）和水泡性口炎。癣是动物中可以广泛传播的皮肤病，很容易传染给人类。两栖类和爬行类动物也有可能传播某些疾病，如感染沙门氏菌的海龟，可能对人类构成很大的威胁。

为保证救护人员自身安全，要认真执行相关的操作规程。对一些已知是传染病区来的救助动物要特别注意。从地方性流行狂犬病地区来的野生或家养动物的危险性特别大，一定要严格检疫，防止救护人员感染疾病。野生动物救护人员在进行动物救护时应严格做好以下防护工作：

（1）接触动物组织时应戴上橡皮手套。

（2）不把食物和饮料带入实验室和动物饲养室，也不要在这些地方喝水饮食。

（3）做完救护治疗后，与动物接触的医疗用具应彻底清洗消毒，死亡动物的组织和器官应消毒后深埋。

（4）救助中心的治疗台、椅和实验用具要定期消毒。

（5）进入实验室和动物饲养室时穿好防护服或工作服，出来时应换掉，不要把防护服穿出室外。

（6）实验室和动物饲养室应有很好的防护设计，门前要有消毒水池。

（7）在救护动物过程中，因捕捉动物受伤人员要及时接种有关疫苗。

第三节　常用医疗器械

一、解剖盘

用于盛放各种消毒的医疗救护器械。

二、手术刀

手术刀柄和手术刀片在医药器械商店有售，根据需要购买。常用的为 4 号手术刀片。手术刀主要用于切开皮肤或体腔，以便进行手术。

三、手术剪

用来清理创口组织和坏死组织，如果有必要，应该准备数把。

四、眼科剪

比手术剪更加精巧的小型专用剪刀，主要用来清理微小创口组织和坏死组织。

五、骨　剪

用来剪断小型动物坏死的骨骼，主要用于救护小型动物，进行截肢手术。

六、止血钳

用来夹住血管止血，为进行手术时必备的器械，常常需要多把一起使用。

七、敷料镊

有不同大小的各种型号，用来夹取绷带、药物或配合手术剪处理坏死组织。

八、手术针和手术线

手术针和手术线用来缝合伤口。

第四节　救护动物的评估与释放

被救护的野生动物恢复健康后，是否适合释放到野外自然环境，需要进行评估和体检，符合释放要求的方可释放到野外。

一、释放原则

国际自然保护联盟的相关文件建议：在非自然条件下救护饲养超过 3 个月的野生动物，原则上不应释放到野外。这条建议可供野生动物救护时参考，但也不必机械遵守执行，而应依据动物的救护饲养方式以及动物的野外生存能力综合考虑。释放前应对动物的健康状况、野外生活能力、捕食能力做全面检查评估，确定被救护动物完全康复，不患有任何传染性疾病，具备在野外觅食和生存的能力，方可释放。

二、释放地点

释放前还应对释放地点进行考察评估，以确保救护动物释放后能独立生存，并且对人类社会不产生负面影响。挑选释放地区应考虑以下几个因素：释放地区应与释放动物的自然生活环境一致，使救护动物能够很快适应。释放地区生境和食物资源能保证救护动物的正常生存。若释放大型凶猛动物或有毒蛇类，释放区域应远离村庄和道路，以免释放动物捕食家畜，或危害当地居民人身安全。

三、释放标记

为了解动物释放后是否能成功在野外生活，以及将来的去向，放归动物时最好为动物做永久性标记，以方便日后追踪调查或再次捕获后识别个体。现在卫星追踪器被广泛用于救护野生动物放归野外后的追踪和评估，可以获得大量有价值的数据。

四、释放方式

释放救助野生动物有两种方式：一种是硬释放，直接把动物从笼子释放，它们可能急速向不同方向分散，结果部分动物可能因对释放环境不熟悉、不适应，无法在释放初期找到足够的食物，最终冻死或饿死，导致释放失败。另一种是软释放，给予释放动物必要的干预，这在干旱或食物不足地区，动物由于人为饲养丧失自然觅食能力的情况下尤为重要。释放前将动物单独隔离，检查身体状况后将可以释放的动物连同笼子一起移到释放地点，连续几天在释放地点定时给关在笼中的动物喂食。在黄昏时分打开笼子，让动物自行离开。但不撤走笼子，笼内放置食物，放归自然的动物若找不到食物，可能会回到笼子来吃食。如果动物远离释放地点，连续几天不回笼子，就可将笼子撤走，释放工作结束。

第五节　熊类救护

一、基础知识

熊隶属食肉目熊科，中国有棕熊、黑熊和马来熊 3 种。香格里拉市分布有棕熊和黑熊。熊为杂食性动物，取食植物嫩叶、浆果、种子、竹笋等，也吃昆虫、鸟类、啮齿类动物、蛙类和腐肉等。棕熊和黑熊常会捕食家畜或盗食农作物，有时会捕杀牛、马、山羊或绵羊等家畜。

二、捕捉保定

熊在受伤或受到突然惊吓时会主动攻击人。对野外受伤的成年熊进行救护时，为保证救护人员安全，最好将熊麻醉保定，再对熊进行救助处理。关养在笼中的熊，最好也采用麻醉法保定。若因麻醉药品不好获得，可将熊弄进带有活动隔板的保定笼中进行救治处理。麻醉操作参见相关章节。

三、救护处理

需要救护的熊通常是受到枪伤、夹伤或被钢丝套勒伤，或为执法没收的熊。救护伤熊、病熊最好在救助站进行，检查确定是患病、体弱还是受伤，然后对症救护处理。

（一）创伤处理

（1）止血：若伤口出血不止，应用灭菌纱布压迫止血，或用卡巴克洛（安络血）和止血敏等药物进行止血。

（2）清创：创口有化脓性炎症或脓肿，应先切开脓包，排脓之后用3%过氧化氢（双氧水）或0.1%高锰酸钾溶液冲洗，然后用生理盐水或蒸馏水冲洗创口，清除创口内的各种异物。如果创口有坏死及腐败感染组织，需先用双氧水冲洗，再用生理盐水或蒸馏水将双氧水冲洗掉。

（3）敷药包扎缝合：为防止感染，可在创口内撒上结晶磺胺等外用抗生素。若伤口较大，需根据创口位置大小和形状采用连续缝合、结结缝合或其他缝合方法对伤口进行缝合处理。

（二）骨折处理

骨折处理程序：保定动物，骨头复位，夹板或石膏固定患处，创伤部位消炎，饲养护理。对非开放性骨折，将骨头复位后用绷带、夹板、石膏固定患部，用吊带限制熊患部活动。开放性骨折需要先清洗处理创口，骨头复位后缝合伤口，用夹板固定后，吊带限制患部活动。若病情复杂，请兽医处理。

（三）瘦弱熊和病熊救护

救护熊若体形消瘦，精神疲惫，多是由饥饿、营养不良或疾病引起。检查确定没有疾病后，对其投喂容易消化、能量高的食物，主要饲喂玉米粉、麦麸、黄豆粉等，另外饲喂蔬菜等多汁饲料。若病熊要做更多检查，确定是否患有疾病以及疾病类型，主要观察患病熊的体格发育、营养状况、精神状态、被毛皮肤、皮下组织、淋巴结、淋巴管、眼结膜、姿势、运动、行为、体温变化和异常表现。野生动物因运输和关养引发的常见病，主要为消化系统疾病和寄生虫病。对病熊最好请专业兽医检查确诊。

四、救护饲养

救护熊的短期饲养最好单笼饲养。熊体壮力强，笼舍应结实牢固，以保证饲养救护人员的绝对安全，并要考虑投食治疗的方便。

护理期应每天观察伤病熊是否出现异常现象，如食欲减退、不活泼、粪便异常及行为变化等，及时根据这些变化判断早期治疗问题。为减少对伤病熊干扰，除了输液和手术等费时较长的操作需再次麻醉保定熊外，注射抗生素等少量药物的操作，应通过吹管肌注或使用长柄注射器完成，不必多次麻醉伤病熊。

熊可饲喂玉米、高粱、麦麸、白菜、胡萝卜、南瓜、冬瓜、马铃薯、肉类、蜂蜜、蛋类、乳类等食物，每天饲喂20~50g食盐。一头熊每天食量约为4000g。日粮配比为动物性饲料10%，谷物性饲料70%，多汁饲料10%，干酵母5%，食盐2%，骨粉2%，维生素添加剂1%。注意保持食物的质量和清洁。

五、释放评估

救护治疗康复后的熊，释放之前进行评估。熊属于凶猛动物，应将其释放到不开展旅游的自然保护区，或人为活动少而且能保证熊正常生存的偏远山区。

第六节　灵长类救护

一、基础知识

世界现有灵长类180余种，中国有21种，云南有15种。香格里拉市主要分布有猕猴，可能还分布有短尾猴。灵长类动物适应树栖生活，具有灵活的四肢，善于攀缘。多数种类手脚的拇指（趾）与其他指（趾）相对，能像人手那样灵巧抓握。脸部、掌面和跖面裸露，两眼前视。大脑、视觉、听觉比较发达，多数种类为昼行性。猕猴正常体温白天38~39℃，夜间36~37℃，心率168次/分钟±30次/分钟，心率随年龄增长而减慢。收缩压120mmHg±26mmHg，舒张压84mmHg±12mmHg，呼吸频率40（31~52）次/分钟。

灵长类为杂食性动物，取食植物的果实、种子、嫩芽、嫩叶、花等，也取食昆虫和小脊椎动物。种类不同，食物偏好也不同。灵长类动物经常因作为宠物被遗弃或逃脱，患病、饥饿、受伤而需要救护。

二、捕捉保定

大型灵长类比较凶猛，动作敏捷，捕捉时要注意安全，防止被其咬伤或抓伤。

（1）蜂猴类捕捉：蜂猴体形小，行动缓慢，可以将其控制在狭小范围，直接徒手捕捉保定。捕捉时由一人先小心抓住蜂猴的枕部，再用双手的拇指和食指在猴的颈部交叉起来；另一人立即用双手分别捏住掌和跖。两人一起将蜂猴装进事先准备好的箱笼内，或将其控制在手术台上。

（2）大型灵长类捕捉：大型灵长类动物行动迅速，捕捉比较困难。若在笼舍内先将其赶往小的空间，然后用手操网捕捉。动物被网兜捕捉后，可用反缚双手法进行保定。一人小心地抓住动物的枕部，再用双手拇指和食指在猴子颈部交叉扣住猴子脖子；另一人立即反缚动物的两前肢，一只手捏紧两掌，另一只手捏紧两前肢近肩的根部。捏好后，前一人松开动物的头，转而固定动物的两后肢，以防它抓咬伤人或伤及自身。

药物麻醉适用于体形较大和性情凶猛的猴类。常用麻醉药为氯胺酮，使用方法参考相关章节。

三、救护处理

（1）运输：需要救护的灵长类应迅速将其运回救护中心。装运笼应牢固和便于操作，笼子大小以能容纳1~2只动物蹲坐为宜。猕猴运输笼大小为35cm宽×40cm长×55cm高。若需长途运输救护，应在笼子底部留8~10cm的脚，以便收集处理粪便，也便于通风。如果动物吃食，运输之前喂给少量的喜吃食物和水。可在起运前对猴子肌肉注射镇静药物帮助其保持镇静。运输中注意笼子保温和通风。冬季长途运送要注意防寒避风，避开雨雪天气运输。夏季则要注意防暑降温。运输途中提供充足饮水，随时观察，发现异常立即采取措施。幼小动物采取人抱或放置在身边，仔细照顾。

（2）疾患检查和处理：回到救护中心，首先检查确定救护动物是疾病受伤还是饥饿，然后对症处理。如果没有把握确定疾病，咨询有经验的兽医或请他们处理。由于动物因禁锢运输处于应激状态，应尽量将动物置于安静环境中，饲喂补液和适口性食物，少食多餐。补液可用糖盐水或生理盐水。如果动物失水严重要及时补充体液和电解质，用5%葡萄糖生理盐水加适量的维生素 C 混合静脉缓注，每天 2 次。若动物受伤可根据其部位和创伤程度，是否出血化脓采取相应的措施，如止血、清创、缝合，甚至截肢以及防止感染处理等。

四、救护饲养

短期救护饲养笼舍可以小一些，长期救护饲养或经常要进行灵长类动物救护饲养，笼舍应该更为高大。长臂猿、叶猴等种类笼舍面积 20~25m^2，高 3m，可供 2~3 只能合笼的动物关养。猕猴类的笼舍可适当小一些，蜂猴因个体小，笼舍可以更小一点。笼舍最好分为内室、室内运动场和室外运动场。笼舍应坚固安全，便于清扫，保证动物不受暴晒、风吹和雨淋，容易接近食物和饮水。笼内要有可供攀爬的结构或栖架。夜行性的蜂猴类要有放在高处的暗箱供其休息睡眠。在冬季较冷的地方，栖息于热带的种类还要配备保暖设备。

定期清扫，保持笼舍清洁。饲料定时定量投喂。饲养救护人员应注意观察记录动物情况和相关环境参数，做好个体档案、卫生防疫和疾病防治工作。

灵长类动物易得呼吸系统和消化系统疾病，例如感冒、肺炎、痢疾、肠炎等，平时要注意预防。饲养日粮的组织供给应注意以下原则：所选饲料符合动物食性要求。所选食物容易获得，价格低廉，清洁安全。合理利用饲料，搭配为全价日粮，保证动物生长发育需要。大多数灵长类动物喜食水果，日粮中要保证供应新鲜的水果。刚救护的灵长类动物必须增加维生素 C 的供应量，有利于增强动物免疫力。冬季是饲养灵长类动物发病和死亡的高峰期，应特别注意加强日常饲养管理工作，尽量少食多餐。冬季因水果、蔬菜类饲料相对缺乏，应适当投喂果味维生素 C 片。

五、释放评估

救护恢复健康的灵长类动物释放前，应全面检查，确定动物健康，没有传染病和其他疾病，具有野外生存能力。同时要考虑释放后同类野生动物是否接受该个体，释放个体能否与它们友好相处。动物释放宜早不宜迟。释放地点应选择与动物生态习性一致、食物充足并有生存空间的自然环境，最好将其释放回原栖息地点。

第七节　鹿类救护

一、基础知识

鹿类分为鹿科、麝科和鼷鹿科 3 个类群。鼷鹿体重仅 1.5kg 左右，驼鹿体重达 400kg。

全世界有鹿类46种，中国有鹿类22种，云南省有鹿类11种。香格里拉市分布有水鹿、林麝、高山麝、赤麂、毛冠鹿5种鹿类。

鹿类均为食草动物，以各种植物叶片、嫩芽和果实为食。多数种类雄性有角。雄鹿的骨质角分叉，每年周期性脱换。眼下方有眶下腺，肝脏无胆囊。鼷鹿和麝无角，但雄性个体上犬齿发达，有胆囊，无眶下腺、额腺和腮腺，但尾腺很发达，雄麝腹部有麝香囊。

二、捕捉保定

大型鹿类用麻醉药捕捉保定，中型鹿类动物用围网捕捉，小型鹿类可用手抄网捕捉。捕捉保定方法见有关内容。

三、救护处理

对救护动物先检查体表是否有开放性创伤，如果有要及时进行处理。然后根据动物外形特点，判断是否患病或缺乏营养，对症处理。对救护处理后放入笼舍暂养的动物，密切观察其食欲、呼吸、精神、活动、粪便、尿液等状况。

（1）伤口处理：与救护熊类的伤口处理相同。先清理干净伤口周围的污血及脏物，用75%的医用酒精进行消毒。对陈旧性伤口要清除腐败组织。若伤口较大处理完毕后应进行缝合。最后在伤口周边多点注射青霉素。放入笼舍后可每日2次用吹管肌注青霉素，剂量依据动物个体大小而定，连续用药3~4天。

（2）骨折处理：骨折分开放性骨折和闭合性骨折。开放性骨折为骨折断端突破肌肉、皮下组织、皮肤而伸出体外；闭合性骨折为骨折端未突破皮肤。开放性骨折先要彻底清除骨折端软组织粘连的污染异物，进行消毒，彻底切除软组织坏死部分，骨头复位后进行皮肤缝合或腱缝合，伤口敷抗生素粉，如青霉素、链霉素、磺胺等，然后用夹板或石膏固定，皮肤伤口应露出，便于处理伤口和伤口愈合。对于闭合性骨折，骨头复位后再用夹板、石膏或绷带固定。

（3）伤口脓肿：为葡萄球菌和链球菌侵入伤口造成，多发于面部、角基部、下颌、肠侧、肺肝部和四肢。临床症状表现为鹿体消瘦，被毛粗乱，为鹿类动物常发疾病。治疗方法为切开脓肿，排出脓液，用3%过氧化氢或0.1%高锰酸钾水溶液清洗创口。为防止脓液流出脓腔后形成新的病灶，要连续肌注青霉素、链霉素等抗生素3~4天。

（4）胃肠炎：动物吃了腐败变质食物和有毒物质、采食被污染食物、营养不良和受冷后机体抵抗力降低都会引起胃肠炎。临床症状表现为精神萎靡，食欲减少甚至不吃食，腹泻，呼吸加快。治疗胃肠炎应先切断病因对患病动物的危害，为动物提供大量清洁饮水，预防机体脱水。同时，静脉大量补充复方氯化钠溶液和葡萄糖溶液，并加入辅酶A和A.T.P，连续治疗至痊愈。

四、救护饲养

饲养救护鹿类的厩舍应能避风雨、遮阳光，具有一定面积的运动场地，地面排水良好，并配有水槽、料槽、草架等简易设施。若为水泥地面，在地面垫上切短的稻草或秸秆。若救助动物需经常进行敷药注射等处理，则应将其单独饲养在面积相对较小的圈舍中，便于捕捉治疗，待痊愈后再与其他救护鹿合并饲养。对处于发情期、攻击性强的雄鹿要隔离饲养。

野生鹿类最初几天常会因环境突然改变，对人恐惧，表现紧张和拒食。应保证笼舍周边环境安静，减少人为干扰。可以遮蔽笼舍让光线变暗。在安静的条件下，动物通常会自己取食。

鹿类胆小性怯，进入厩舍时应先发出音响警示，动作轻缓。笼舍和运动场保持清洁和干燥，坚持每日彻底清扫，清除粪便和剩余草料，食槽、水槽每日刷洗干净，每周消毒1次。每月对笼舍进行1次全面消毒。水槽内经常保持清洁饮水。

按时按量投喂饲料，投喂量随动物增减和吃食情况酌情增减。饲料应新鲜干净，注意防虫防鼠。禁止投喂发霉变质饲料。

隔离饲养的病鹿，应在适当增加精料的投喂量，以补充营养。鹿类动物饲料有粗饲料和精饲料两类。粗饲料以青草、树叶、人工牧草或干草、干树叶、干苜蓿草等为主。夏、秋季节饲草来源充足，营养丰富，冬、春季节饲草营养明显下降，需要多喂精饲料以补充所需营养。还应经常饲喂胡萝卜、大白菜等青绿蔬菜。粗饲料通常每日饲喂2次。

精饲料为农作物种子或混合配方的粉状或颗粒状饲料。动物园饲养鹿类的日粮精料配方为黄豆20%，玉米29%，麦麸58%，食盐2%，鱼粉0.5%，磷酸氢钙0.5%，按比例调配。

体重30~35kg的毛冠鹿，每天喂给配方饲料200~300g，干草或干树叶1~2kg，青草和新鲜树叶4~6kg，胡萝卜200g，白菜100g。

体重150~230kg的水鹿，每天喂给配方饲料1.5kg，干草或干树叶4~5kg，青草和新鲜树叶15~18kg，胡萝卜700g，白菜300克，红薯300g。

体重14~16kg的林麝，每天喂给配方饲料200g，干草或干树叶500g，青草和新鲜树叶2~2.5kg，胡萝卜100g，白菜100g，红薯100g。

五、释放评估

释放前对释放动物身体状况进行检查评估，确保动物没有传染病及其他疾病。释放地点选择在与动物栖息生境相似的自然环境。释放前应对动物标记，以便今后跟踪识别。

第八节 牛科动物救护

一、基础知识

全球共有牛科动物127种，中国有19种，云南省有6种，香格里拉市分布有中华鬣羚、中华斑羚、岩羊3种。牛科动物的共同特征是三趾、四趾发达，二趾、五趾退化成悬蹄，胃分4室，反刍，有胆囊。多数种类雌雄个体均具角。牛科动物的角心为骨质，着生于额骨，外包厚而有棱的角质鞘，角不分叉、不脱换，终生生长。牛科动物均以植物为食，与鹿科动物相比，它们更能适应吃植物纤维较多的干草。

二、捕捉保定

麻醉捕捉主要针对野外因陷阱、铁夹受伤的印度野牛、羚牛、鬣羚等大型牛科动物，围网捕捉适用于个体小、攻击性不强的斑羚、红斑羚、岩羊等动物。野牛和羚牛结群活动时对人攻击性较小，受伤或落单后攻击性增强。野外实施麻醉救护的工作人员，接近动物时动作要轻而慢，事先确定好自己的撤退路线，以免在麻醉吹针击中动物时，动物因受惊而给人造成危险。麻醉和捕捉方法见有关内容。

三、救护处理

对救护动物先检查有无外伤，有外伤及时处理。然后检查精神状态、体表被毛和反刍情况。观察动物鼻镜是否湿润光亮，肛门周边是否干净，依据粪便、呼吸、体温等对救护动物患病情况作出初步判断。如胃肠炎表现症状为排粪不成形，呈稀糊状，肛门周边不干净，食欲减退或拒食，鼻镜干燥，体温升高，精神萎靡，两耳下垂。然后进行触诊与听诊，触诊可发现动物体表的寄生虫以及是否有脓肿等，另外还可感觉反刍的情况。听诊则可以由呼吸音发现常见的呼吸系统疾病。不能确定的疾病请兽医诊断或做生化检验确诊。

（1）伤口处理：与鹿类动物处理方法相同。

（2）骨折处理：复位后打上石膏固定。也可以用夹板固定，用两块长短相等的夹板，中间加上衬垫，用“8”字形绷带缠紧。术后应采用吊带或保定架限制动物活动，经常观察并做好护理工作，每天注射抗生素，控制骨折部伤口感染。在饲料中增加钙、维生素D、蛋白质等营养物质，以促进骨折面愈合。

（3）营养不良：营养不良通常表现为体毛粗乱，身体极度消瘦。救助治疗多饲喂容易消化、营养均衡的饲料，增加必需的微量元素和复合维生素。投喂饲料少量多餐。

（4）胃肠炎：变质食物和不洁饮水常会引起胃肠炎。口服磺胺类药物，按动物每千克体重每日服用0.1g磺胺给药。肌注青霉素，动物每100kg体重注射100万单位。

四、救护饲养

野生牛科动物最初几天，往往会因环境突然改变和对人的恐惧，表现紧张和拒食。应保证笼舍周边环境安静，减少人为干扰。可遮蔽笼舍让光线变暗，在光线较暗的安静条件下，动物通常会自己取食。

救护动物因患伤病，在笼舍中活动量较小，食物应尽量鲜嫩，容易消化。注意每次喂食不能过饱。饲料要主食、辅食搭配。笼舍定时打扫，保持清洁。注意救护饲养攻击性较强的羚牛时，饲养人员应先将动物赶入隔离笼舍，关好隔离门，方可进入笼舍打扫卫生，清洗水池料槽。打扫完毕后再将动物放出。

牛科动物日常饲料分精料与青料：青料可根据动物种类选择不同的植物供给；精料为玉米粉30%、豆粕20%、麦麸48%、盐等矿物质微量元素2%的混合料。

五、释放评估

能够释放的动物释放前应做好检查评估，确保动物没有传染病和其他疾病。选择与动物生境状况一致的自然环境释放。有条件最好将其放回原栖息地。放归时做好标记，方便以后跟踪观察识别。

第九节　虎豹救护

一、基础知识

虎为体形最大的猫科动物，分布于亚洲西伯利亚、中国、苏门答腊、爪哇、马来西亚等地。虎共有8个亚种，中国有东北虎、印支虎、孟加拉虎、华南虎和里海虎5个亚种。里海虎在中国叫新疆虎，已经灭绝。虎生性机警，多在黄昏或清晨活动。猎物主要为野猪、鹿、狍、麝等有蹄类动物，偶尔亦捕食野禽。

金钱豹较虎小，体重50~80kg。通体遍布黑色铜钱状斑纹，有黑化型个体，称为墨豹。豹广泛分布于中国各地。猎物主要为鹿、麂和野猪，亦会捕猎灵猫、猴子、雀鸟、啮齿动物。

云豹别名乌云豹或龟纹豹。雄云豹体重约23kg，雌性约16kg。白天休息，夜间活动。喜欢在树枝上守候偷袭猎物。云豹研究极少，学者对其习性和食物了解甚少。

二、捕捉保定

（1）麻醉保定：大型猫科动物主要采用麻醉保定，常用氯胺酮作为麻醉剂。氯胺酮麻醉动物后允许救助者抓住动物进行短时间检查治疗，如果需要再镇静，后来的剂量应通过静脉注射。氯胺酮与盐酸二甲苯嗪（0.5~1mg/kg体重）或安定（0.1~0.5mg/kg体重）联合使用，适合对所有猫科动物长时间麻醉。

（2）套索捕捉：小虎和小豹可用长柄绳套捕捉，或用手抄网捕捉保定。当绳套牢牢地套住了动物颈部，立刻抓住动物尾巴，使动物倒下，由其他人协助对动物做捆绑固定，然后进行救护处理。

（3）保定笼保定：用保定笼控制大型猫科动物治疗处理很有用。保定笼的大小应保证动物不能转动身体，隔板应能牢牢固定，不会因动物挣扎发生移动或被破坏。

三、救护处理

野外遇到需要救护的大型猫科动物，通常是被活套勒住或铁夹捕获后的受伤动物。被困动物性情极端暴烈，很难接近。须先麻醉保定，然后依据具体情况，用准备好的拆解绳套和铁夹的工具，将套在动物身体上的猎具破拆，在动物尚未苏醒前实施医疗处理。对动物健康状态和伤病进行评估，如果伤势不重，动物健康状态和体能较好，处理后给动物注射解药，就地释放。

如果动物伤势严重，健康状况不佳，野外就地释放难以生存，应在做完上述处理的基础上，将动物迅速运回救护中心，依据具体情况做进一步处理和饲养救护。

若救护动物有创伤，按前面介绍的方法对伤口进行处理。若救护动物系枪伤，需要使用X光机探查是否在体内留有弹头。若确定体内留有弹头，要手术取出。骨折则需要采用夹板固定。对于没有把握确诊的问题，咨询有经验的兽医。

如果救助动物因为饥饿，出现失水和营养不良，导致极度虚弱，可用胃管饲喂法给予食物和药物。食物中应包括葡萄糖及多种维生素。食物应保持液体状，给予时应缓慢，防止食物反流。若动物身体过于虚弱，每次喂饲的量要适当，不应过多强迫饲喂。

四、救护饲养

救护大型猫科动物的笼舍，要安放供修理爪和磨牙的木头。笼舍内应为动物提供隐蔽场所或夜间居住的房屋或者大木箱。笼舍便于清洗排水，能有隔离外界干扰的屏障，并有使食物被粪便污染减少到最低限度的饲喂方式。

大型猫科动物饲料以牛肉为主，辅以鸡、羊和兔肉，并添加鸡蛋、钙片、鱼肝油及多种维生素。把牛肉、鸡肉等切成小块，将2~3个生鸡蛋，打碎搅拌在肉块中，定期喂食。若救护动物年龄偏大，应把肉块切小些，骨头也尽量少些。

食量根据动物体重而定。一只300kg重的虎，每天的食物约为其体重的1.5%~3%，处于生长阶段的猫科动物，需要它们体重15%~25%的食物。金钱豹的日食量为2kg左右牛肉，成年豹为2~2.5kg，怀孕期间为2.5~3kg。云豹怀孕期日采食量为1~1.25kg，平时每日食物量为0.7~1kg。猫科动物在野外不可能每天都找到足够食物，动物园对大型猫科动物采取每周禁食1天，符合猫科动物捕食的自然特点。

长期为笼养的猫科动物提供牛、羊等家畜的肌肉作为食物，会导致它们的精子活性降低，野性逐渐消失。而野生动物救护目的并不是要长期在笼舍内饲养展览动物，因此救护饲养期间保持动物的野性和捕食能力非常重要。每周应给动物投喂2次活鸡、活兔或活鼠等食物。救护喂养过程中做好每只动物的喂养记录，包括进食情况、食物的消耗等。

五、释放评估

大型猫科动物救护后释放野外的案例在中国极少。救护动物恢复健康后，应尽快释放，否则饲养所需经费会越来越大。目前，中国适合大型猫科动物栖息分布的地区十分难觅。在特殊情况下，按照相关法律规定，将救护动物移交给动物园似乎更恰当。释放大型猫科动物应尽可能将其放回野外实施救护的地点，或释放于与该动物自然生活习性一致的自然环境。在释放动物身上安装无线电追踪器，并做永久性标记，进一步跟踪和研究它释放后的活动路线、范围以及存活情况。

第十节　小型猫类救护

一、基础知识

云南的中型猫科动物主要有金猫、猞猁、丛林猫、云猫和豹猫等种类。香格里拉市分布的小型猫科动物有猞猁、金猫、豹猫3种。小型猫科动物不会像大型猫科动物那样发出响亮的吼叫声，头部显得稍大，由于鼻子和下颌比较短小，脸看起来较平，因此它们的耳朵显得大而引人注目。中小型猫科动物，食谱主要由多种啮齿类动物、鼠兔、旱獭、鸟类等组成。食物紧缺的时候，有时会跑到人类居住的地方捕捉家禽填肚子。

二、捕捉保定

体重小于16kg的猫科动物在笼舍内或野外被兽夹或绳套套住后，比较容易用网兜进行短时间的控制，开展诸如测量直肠温度、注射药物和身体检查等工作。也可以用长柄绳套来捕捉中小型猫科动物。捕捉小型猫科动物的网兜必须有足够的深度。捕捉不同体形的动物，网的大小和深度要求不同，可自行根据被捕捉动物的体形选择略大的网兜和网柄，以便能把动物放到网兜盲端，上部缠紧以防逃离。捕捉时要防止对动物造成新的伤害。

使用长柄套索捕捉，手持的一端套上一段塑料管或铝合金管，可以防止捕捉人员被咬伤。

小型动物保定笼也用于控制小型猫科动物，方便对其进行治疗处理。进行保定时应特别注意救护过程中不要再对动物造成新的伤害。保定治疗小型猫科动物时，事先给动物戴上一个嘴套，嘴套可以用自行车轮胎内胎制成，也可以用橡胶管捆扎，预防救护人员被咬伤。给动物套一个头套，蒙住双眼可以减缓其应激反应；还可以给动物戴上脚套，防止被其锐利的爪子抓伤。也可以用绳子或布条捆绑四肢进行固定。

三、救护处理

先对救护的动物进行检查确诊，找出问题后对症处理。对创伤和骨折救护处理参照前面各节的处理办法。

四、救护饲养

小型猫科动物宜用笼舍单独饲养。笼舍内安放供其修理爪子和磨牙的木头，并提供让动物躲藏和睡觉的木箱和栖息架。笼舍地面要便于清扫和排水。

小型猫科动物每天需要它们体重4%~8%的食物，理想的食物应该是大小与其野外捕猎食物相同的整只动物，例如鼠类、兔子或者家禽。猫科动物对蛋白质的需要是犬科动物的2倍，尽量用新鲜食物饲喂。猫科动物不能把胡萝卜素转变为维生素A，必须在食物中提供维生素A。

救护小型猫科动物要做好日常观察。每天观察动物是否有食欲减退、行为异常、粪便异常，及时根据这些变化判断早期医疗问题。

野生动物对身体附着的外来物很不习惯，会采取各种方式将其去掉，常导致创口裂开，固定夹板松动、脱落、折断，不仅前功尽弃，而且固定物可能对动物造成新的伤害。因此，术后护理与手术同样重要。

所有野生动物救护饲养都要保持环境安静。小型猫科动物生性机警，易受惊吓，更要注意环境的安静问题。被救护的野生动物由于没有得到安静环境，在体质弱和受伤的情况下，人在附近活动或观看，会导致它们应激反应强烈，不吃不喝，加速死亡。

灵猫科及鼬科动物的救护可参照小型猫科动物。多种灵猫科动物在圈养情况下，都能以非常相似的食物维持生命。灵猫科动物在自然环境中以小的脊椎动物、节肢动物和植物为食。救护饲养可以喂给切碎的肉或鸡，适当添加维生素和矿物质。还可用橘子、苹果、香蕉、切碎的胡萝卜、土豆，或者切碎的熟鸡蛋、整只鼠或雏鸡作为灵猫科动物的食物。

五、释放评估

释放地点应选择与小型猫科动物生态习性一致的自然环境，最好将动物释放回原栖息地，或将其释放在有同类栖息生活的环境中。依据释放动物的具体情况，可以采用硬释放或软释放。

第十一节 猛禽救护

鸟类野外生病受伤需要救助的情况屡有发生，很多鸟类因具有观赏价值，被非法捕捉运输出售，执法检查中经常查获大量野鸟，其中伤病个体需要救护。鸟类个体较小，在救护过程中通常不需要麻醉，可以直接捕捉保定。

一、基础知识

猛禽包括昼行性的隼形目鸟类和夜行性的鸮形目鸟类。中国有 59 种昼行性猛禽，28 种夜行性的鸮形目猛禽。云南有金雕、白尾海雕、胡兀鹫、喜马拉雅兀鹫等 44 种昼行性猛禽，有草鸮、雕鸮、短耳鸮、林雕鸮、褐渔鸮等 17 种夜行性猛禽。香格里拉市分布有 23 种昼行性猛禽和 4 种夜行性鸮类。

猛禽都是掠食性的凶猛鸟类，依据种类不同，有的捕捉野兔、雉鸡、旱獭，有的捕食鱼类，有的捕食鼠类、小鸟，有的觅食动物尸体，有的捕捉昆虫。

二、捕捉保定

猛禽性情凶猛，喙和爪十分锋利，动作极为迅速。捕捉过程中稍不注意，就会被猛禽抓伤或者啄伤。捕捉猛禽时最好戴上厚的帆布手套，注意不要被它们抓伤和啄伤。

小型猛禽可用长柄手抄网直接捕捉，等鸟翅膀收拢后，用一只手从背部将其按住，然后一手握住鸟的颈部，另一手握住鸟的胸部和翅膀，就可以将鸟控制。中型和大型猛禽捕捉比较困难，捕捉时需防止伤到猛禽翅膀。先将猛禽赶到笼舍某个角落，等猛禽翅膀收拢后从后面接近，一只手按在猛禽背部，使它的翅膀牢固地靠紧身体，另一只手抓住猛禽的双脚，然后两手合力将其提起完成捕捉。捉住猛禽后，用皮革头罩或黑色厚布将眼睛遮住，让它们保持安静。

为了方便救护操作，可以用毛巾或长的柔软布条将鸟整体包裹，使其不能动弹，然后再将需要处理的部位移出，可减少因操作不当导致新的伤害。包裹鸟类时要注意松紧度，不可过紧或过松，否则容易在鸟挣扎时造成新的伤害，注意将鸟头露在外面并套上黑色头套。

三、救护处理

检查确定症状，对症救护处理。对没有把握确定的疾病，咨询有经验的兽医或专家。如果救护猛禽时无法通过保定装置保定，可采用肌肉麻醉后进行治疗，肌肉注射部位是胸骨外侧 1~2cm 的胸肌。麻醉剂选用水合氯醛，2. 5ml/kg 体重，约 10 分钟进入麻醉状态，麻醉时间持续 30~60 分钟。如果需要第二次注射维持麻醉，剂量应减半。患病或衰弱猛禽，最初应使用 1. 0~1. 5ml/kg 的剂量。

将猛禽保定或麻醉后，对伤口进行消毒清创，用消炎药外敷防止感染，如果创伤需要缝合，进行缝合。若是翅膀或腿骨骨折，需要采用夹板对翅膀或腿骨进行固定。

四、救护饲养

长期用于猛禽救护饲养的笼舍面积应不小于100m^2，高6~10m，有利于猛禽保持和恢复飞行能力。笼舍网眼3~5cm。角落应建20m^{2}的休息房。笼舍应有遮阳装置，放置栖木，栖木大小视猛禽大小而定。

中小型猛禽栖木高度为1m，大型猛禽栖木高度为2m。若因笼舍限制，不能设立栖木，可在地面设置矮的栖架。地面上铺植物茎秆、稻草、泥土、砂子和刨花。笼舍内设1个1m×1m的流动水池，方便猛禽饮水及水浴。救护饲养初期，应将笼舍四周用草帘或塑料薄膜围起来，保持安静，避免救护猛禽受到干扰惊吓。

隼科鸟类主要以小型兽类、鸟类和昆虫为食，鹰科鸟类大多数以鼠类、野兔、鼠兔、旱獭、小鸟、蛇、蜥蜴、蛙类为食，少数猛禽食性相对特化。凤头蜂鹰喜欢觅食蜜蜂、胡蜂，秃鹫、喜马拉雅兀鹫、胡兀鹫主要吃动物尸体，鹗以鱼为食。救助饲养猛禽食物应尽可能与其野外食物相同或类似，若找不到上述食物，可用牛肉、鸡肉、鸡脖子、羊肉切成拇指大小作为饲料，忌用猪肉饲养猛禽。

鸮形目鸟类属夜行性猛禽，救助饲养笼舍中应用纸箱或其他适当的材料做成巢穴，供其栖息，适当地点设置栖木。渔鸮食物以鱼为主，黄嘴角鸮、红角鸮、领鸺鹠和斑头鸺鹠等小型猫头鹰食物中昆虫比例更大，其他的鸮形目鸟类食物以鼠类为主。食物种类和投喂量应根据猛禽大小而定，对小型猫头鹰可投喂面包虫、蟋蟀、蝗虫等，也可以用牛肉、鸡肉和羊肉饲喂。

五、释放评估

释放前对猛禽飞行能力和捕食能力进行评估，并对健康做全面检查，确保释放的猛禽没有传染病和其他疾病，释放后具有飞行和捕食能力。对救护猛禽飞行能力评估标准是能连续飞行20分钟，捕食能力是能够快速、敏捷地捕获放入笼舍内的麻雀或小白鼠。

释放地点应选择与猛禽生态习性一致的自然环境。最好将猛禽释放回原栖息地点，或将其释放在有同类栖息生活的环境中。

第十二节 野生雉类救护

一、基础知识

全世界雉类共有159种，中国有55种，包括19个中国特有种。云南共有鸡形目鸟类28种。香格里拉市分布有12种雉类。雉类的喙和足强健，善奔跑，不善飞行，仅作短距离飞翔。雄鸟有距。两性多异型，雄鸟羽色华丽。多数种类为陆栖，营巢于地面凹处，巢甚简陋。少数营巢于树上。遇敌害时多钻入草丛中隐蔽。主要以植物种子、果实和昆虫、蠕虫等为食物。雄鸟在繁殖期间好斗。

二、捕捉保定

捕捉需要救护的鸡形目鸟类应特别小心，因为鸡类十分胆小，要避免因对人类的恐惧，逃窜时再次受到身体伤害。捕捉保定过程中也应注意捕捉者自身安全，鸡类的喙和爪强劲有力，注意不要被它们抓伤。用长柄手抄网捕捉，用网兜罩住鸟后，先用手抓住两翅基部提起，然后将其双脚捆绑固定。

三、救护处理

被囚禁的野生雉类翅膀、腿部骨折以及头部皮肤破裂，是比较常见的伤病。鸟类翅膀骨折通常很难固定治疗，特别是肩关节和肘关节等部位脱臼或骨折，救助治疗成功率很低。腿部骨折治愈率较高。可对骨折的骨头复位后，用夹板木棍捆绑固定。

鸟类头部皮肤破裂应用手术针线进行缝合，若无手术针线，也可用普通针线消毒后缝合开裂头皮，并做消毒消炎处理。头皮破裂如果不及时缝合，不仅影响雉类外形美观，同时还会导致喙的生长变形。

野生雉类另一个常见问题是嗉囊嵌塞，可以通过食道把导管插入嗉囊，注入水或油，用手按摩嗉囊直到嵌塞消失为止。若这种方法不成功，可以手术治疗。从嗉囊外面拔除羽毛，用酒精对皮肤手术消毒，并用碘酊擦洗，切开皮肤暴露嗉囊，然后切开嗉囊。切口不应过大，只需能把嗉囊中的嵌塞物取出就行。用两条单独的线缝合嗉囊，然后缝合皮肤切口。局部可使用抗生素粉末。持续 12 小时对手术鸟禁食和停止喂水，嗉囊手术后，鸟应持续数天节食。

如果救护雉类主要是饥饿和营养不良，应及时投喂食物。食物以玉米、稻谷、小麦、荞子为宜，也可以用市售的肉鸡或蛋鸡配合饲料。投喂上述食物时，要注意补充投喂一些植物性食物和少量昆虫。

处于极度虚弱、没有力气进食的鸟，采用导管灌注流体或半流体食物的方法，给鸟补充食物。为了喂食方便，救助鸟应装在小型的笼子或适当大小的纸箱内，注意保温。强制灌注食物必须控制每次的食量，少量多次灌注，救护鸟能自己吃食后应立即停止。

四、救护饲养

关养救护雉类的笼舍内，应种植 2~3 株小乔木，笼舍内四周种植茂密灌丛，既美化笼舍，又为救护鸡类提供隐蔽处所，能有效减少鸡类的应激反应。如果临时救护较多的鸡类，没有种有树木和灌丛的笼舍可以利用，则应在笼舍内堆放足够数量的带叶树枝，供鸡类隐蔽躲藏。

经常饲养救护鸡类的笼舍，应用塑料薄膜或油毛毡将笼舍内侧从地面到 1m 高处围起来，能有效防止鸡类在笼舍铁丝网上磨破头、喙和爪子，也能很好隔离外界干扰。

鸡类食性很杂，植物种子、浆果、水果、花、叶子、芽、根、茎均可作为食物，可用各种农作物种子或家禽混合饲料喂养，注意定期喂给一些昆虫、蔬菜、水果或鲜嫩的青草。

按时打扫笼舍，保持笼舍卫生和清洁。由于鸡类和家禽有很多共患疾病，因此饲养救护野生鸡类的场所，严禁饲养家鸡或购入家鸡食用。

五、释放评估

释放前应对其运动能力和觅食能力作观察评估，认真检查有无传染性疾病。释放地点应选择与其相符的自然环境，例如白腹锦鸡应释放到适合它栖息的次生林中，白鹇或角雉等释放于植被更为茂密的原生林或次生林中。最好能将救助鸡类释放回原栖息地点，若这样做有困难，应将其释放在有同类栖息生活的环境中。

第十三节 鸠鸽类救护

一、鸠鸽类基础知识

中国有鸠鸽类31种，云南有针尾绿鸠、楔尾绿鸠、绿皇鸠、山皇鸠、点斑林鸽、珠颈斑鸠、山斑鸠等18种。香格里拉市分布有5种鸠鸽。斑鸠类和鸽类多在地面觅食，食物以植物种子为主；绿鸠、皇鸠和鹃鸠多栖息于阔叶林和次生林中，在树上觅食，食物以果实为主，偶尔也吃昆虫。有时也出现于居民点附近的小片丛林及榕树上，单个或成对或聚集成群活动。

二、捕捉保定

鸠鸽类习性温顺，捕捉时不会遭到鸟的反抗啄咬。但因羽毛蓬松，特别是背、腰部的羽毛很容易因手抓脱落，手捕不当常会使羽毛大片脱落，影响鸟的美观和飞行。捕捉时要注意方法，在笼舍中用手抄网小心捕捉。为减少捕捉惊扰和应激反应，可以遮蔽笼舍光线，或在夜间捕捉。捕捉时手应干燥，用力不能猛，动作要敏捷。将手成握拳状，鸟握于拳中，尾羽从拇指和食指间伸出拳外。两脚从食指和中指间伸出，头从手腕和小指间伸出，尽量不使鸟挣扎，鸟挣扎会使羽毛脱落。

无论运输何种鸟类，都应坚持一笼一鸟原则，确保被运输鸟的安全。将鸠鸽类运送到救护中心。2~3小时短距离运输，应该使用长度约为鸟体长1.5倍的纸箱。箱子宽度应让鸟不能转身调头，大小能使鸟自由站立，又不能完全展开翅膀。箱子上留几个小洞便于通气和观察，并注明纸箱上下的位置，盖子要用胶带或绳索封好，防止鸟在运输途中逃逸飞出。为防止车辆颠簸，应将装鸟的纸箱放在座椅上或者运送人的膝上。超过4个小时的长距离运输，运输笼或运输箱应该大一些，并有活动笼门可以投喂食物和饮水。注意在运输过程中对笼子进行光线遮蔽，减少鸟的应激反应。

三、救护处理

对需要救护的鸠鸽进行检查，确定受伤或生病原因，对症救护处理。救护治疗后尽量减少与人接触，依据具体情况放入饲养救护笼舍或小型保温笼中。

不少伤病鸟在野外被人发现时，已有相当长的时间没有进食和饮水，身体比较虚弱。对于站立不稳，十分虚弱，基本无法自己进食的病鸟，救护的第一步是适当补水。每只鸟一天所需水分约为其体重的3%，用注射器吸取清洁的水或低浓度的葡萄糖溶液，滴在鸟的嘴角处，让其自行咽下。

如果鸟很虚弱，同时还需人为填食，直到鸟开始自己进食为止。填食时注意不要将食物填充到气管里。鸟的气管在前，食管在后。需要人工喂食的救护鸟应放在小型的笼子或纸箱中，注意保温。待鸟体质有所恢复，能够自己吃食后再转入稍大的笼舍。

救护鸟有外伤，进行清创消毒止血，方法和兽类救助清创消毒步骤相同。如果是翅膀或腿骨骨折，将骨折骨头复位，然后用小片木板、木棍固定骨折处。翅膀骨折用绷带固定，使用“8”字形捆绑固定于身体侧面。

可以通过外貌和行为来判断鸟的状况，羽毛干燥、体弱无力为营养不良症状。粪便颜色不正常，肛周羽毛沾染粪便，可以推测有消化系统疾病，可以用些抗生素如氯霉素或庆大霉素来处理，把药片调于食物或水中让鸟在吃食时服下。

四、救护饲养

短期救助饲养笼舍尺寸可以小一些，长期救助饲养或经常要进行鸠鸽类救助饲养，笼舍应该更为高大一些。饲养笼舍应选在通风良好、地势较高的向阳坡地。笼舍面积40～60m^2为宜，高2.5～3m，笼舍内栽种乔木，并用树木、竹子搭建栖架，笼舍内搭6m^2的雨棚，供雨天避雨及夏季遮阳用。

以植物果实为主要食物的绿鸠、皇鸠和鹃鸠类鸟类，要注意多投喂水果，将苹果、梨、桃切成小的果丁投喂；以植物种子为主要食物的绿背金鸠、珠颈斑鸠、山斑鸠喂给各种农作物种子。注意保持食物的质量和清洁，按规定定期清理笼舍和饲养器具。

五、释放评估

计划救护后释放的鸠鸽类鸟，在救护的同时尽量避免与人接触，保持安静，减少被救护饲养的天数。放飞前应该对健康情况和飞行能力进行检查，只释放符合放飞要求的个体。

第十四节　鹤与鹳的救护

一、基础知识

世界有鹤类15种，中国分布有9种，云南分布有黑颈鹤、灰鹤、蓑羽鹤等5种。鹤栖息于开阔沼泽湿地，为有长腿、长颈的大型涉禽，善于利用上升气流作长距离迁徙飞行。鹤是杂食性动物，吃鱼、蛙、鼠类、软体动物、昆虫和各种植物。云南各地经常有鹤因受伤、饥饿，丧失正常飞行能力需要救护。

鹳形目鸟类全球共有107种，中国有32种，云南有21种。其中黑鹳、东方白鹳、秃鹳为大型涉禽，俗称鹳类。鹭科中的很多种类，如苍鹭、大白鹭、白鹭、池鹭、牛背鹭为中型涉禽，俗称鹭类。鹳类栖息生境与鹤类相似，食物种类也基本相似，鹭类栖息环境更为多样性化。鹳形目鸟类主要以各种动物为食，偶尔吃少量植物。

二、捕捉保定

救护捕捉鹤与鹳时要谨慎小心，鹤的翅膀和长腿很容易受到伤害，鹤很容易因紧张、奔跑、碰撞造成伤害。捕捉鹤的较好方法是将鹤赶到笼舍的角落，当它头朝向角落时，用一只手抓住次级飞羽和三级飞羽，保持翅膀收拢。然后将鹤的头和颈对准捕捉者身后，同时把另一只手放在鹤的身体和翅膀上。然后用手抓住鹤两腿的跗关节，注意同时要把一根或两根手指放在跗关节之间。这时就可以将鹤提起，送到需要的地点。捕捉鹤时如果鹤面朝向捕捉者，要先抓住鹤的颈子，然后将它控制在上述的保定位置。捕捉鹳类的方法与捕捉鹤相同。

鹤、鹳的嘴强健有力，注意不要被其啄伤。为防止被其啄伤，捉住鸟后尽快将鸟用黑色头套罩住，或者救护人员戴上有防风玻璃的摩托车头盔或风镜保护自己的脸和眼睛。为操作方便，可用大毛巾或布将整个鸟包裹起来，包裹时注意将鸟腿收回保持正常蹲踞位置。注意包裹时间不能过长，否则容易引起循环不良发生坏死。

三、救护处理

对需要救护的鹤、鹳，尽快带回救助中心，认真检查确定病症类型。没有把握确定的疾病，咨询有经验的兽医或专家。

鹤因为饥饿和体质虚弱，出现失水或营养不良，行动不便，站立困难，应用管饲法给予营养食物和药物。据美国动物园的饲养救助经验，用25ml豆浆，25%的葡萄糖和电解液（钠离子或钾离子）30ml，米粥30ml，多种维生素（D_3和复合B）和矿物质添加剂组成的混合液体食物，对鹤强迫喂食效果很好。将这种混合液体食物装入60ml的注射器，末端用能弯曲的塑料导管伸入鹤的食道中缓慢地给食。切记不能过快，否则食物会反流。以鹤每千克体重12ml的比率一日3次饲喂，如果必要也可以多喂几次，液体食物的容积和热量可以逐渐增加。

救护鹤通常身体较弱，强迫过多饲喂对其救护不利，要注意控制喂食次数。如果是翅膀或腿骨骨折，采用夹板固定。若系创伤，应对伤口进行清理、消毒、缝合。

四、救护饲养

短期救护饲养笼舍尺寸可以小一些，如果长期救护饲养笼舍面积应该更为高大一些。动物园为饲养繁殖鹤类所建笼舍面积为200~400m^2，高2m。饲养救护野生鹤类不能完全按照动物园繁殖笼舍要求，但笼舍适当大一些，对救护鹤的健康恢复和保持飞行能力有好处。不论笼舍大小均应坚固，网眼3~5cm。笼舍内设流动水池，笼舍离地1.5m范围高度用砖石或塑料薄膜隔断。笼舍角落设10~20m^2的休息房舍或棚子。饲养管理按鸟类饲养的一般要求。鹤是杂食性动物，可喂食玉米、稻谷、小鱼、瘦肉、面包虫等，每天食量500~1000g。注意保持食物的质量和清洁。

鹳形目鸟类习性和食物以及生活环境与鹤类近似，救护处理和救护饲养可以参照鹤类救护所采用的方法。注意鹳形目鸟类在食性方面更偏向于肉食，因此救护饲养中不能喂给谷物，主要投喂鱼、虾、蛙、蟹等食物。

五、释放前评估

释放前应对鸟的飞行能力、捕食能力作检查评估，确诊无各种疾病，释放到野外后能够生存。释放地点应选择与鹤或鹳生态习性一致的自然环境，如沼泽地、湖区、湿地型自然保护区。最好将鸟释放回原栖息地点，或将其释放在有同类栖息生活的环境中。

第十五节　雁鸭类救护

一、基础知识

世界上现有雁鸭类160种，中国有51种，云南分布有斑头雁、灰雁、赤麻鸭、绿头鸭、斑嘴鸭、鸳鸯等24种。香格里拉市分布有22种雁鸭。

雁鸭类喜在湿地活动觅食，依据食性有专门捕食鱼类的秋沙鸭，喜吃螺蚌的潜鸭，偏爱植物的赤麻鸭和各种雁，杂食的绿头鸭、斑嘴鸭等。雁鸭类善于游泳、潜水，飞行能力很强。

雁鸭类鸟的脉搏和呼吸速率因种类和个体差异很大，甚至在正常的鸟中，各自的脉搏和呼吸速率也不同，将它们作为疾病判断指标没有太大的实用价值。云南各地雁鸭类鸟类经常因受伤、农药中毒、饥饿，丧失正常飞行能力而需要救护。

二、捕捉保定

用长柄手抄网捕捉雁鸭是比较好的方式，也可以用网或布障把小群鸟赶到笼舍中的某个角落，用抄网或徒手捕捉。如果鸟的数量较多，注意防止互相堆压，引起伤害或窒息。

捕捉雁鸭时注意不要只抓脚，或者只抓住雁鸭类的翅膀，特别是对体重很大的雁或天鹅，这种捕捉方式可能导致被捉鸟发生暂时性的或永久性的臂麻痹，还容易导致翅膀关节脱臼或骨折。正确的捕捉方式是用两只手来保定雁鸭，在一只手控制住它的头和颈的同时，另一只手托住其身体。捕捉雁鸭时，注意避免被它们的爪子抓伤，被雁的翅膀拍击也会很痛，有的种类还会啄人。

三、救护处理

需要救护的雁鸭先检查确定伤病类型和原因，对症救护处理。没有把握确定的咨询有经验的兽医和有关专家。翅膀或腿骨骨折，采用夹板固定。创伤对伤口进行清理消毒缝合。救护治疗方法参见野生雉类的救护。

简单的创伤处理一般不需要进行麻醉，但也可以采用吸入麻醉剂进行保定。国外动物园和野鸟救护组织对雁鸭类麻醉多用盐酸氯胺酮，按60mg/kg体重肌肉注射。

雁鸭类像其他鸟一样，对各个部位的疼痛反应变化较大。控制时引起反应最敏感部位是喙和头、脚以及羽囊。当拔出1根或2根羽毛时可能引起剧烈的反应，但是缝合皮肤伤口或切开皮肤的反应却不大。处理一只神志清醒的鸟内脏时，一般不会出现任何疼痛的体征。

麻醉手术治疗完毕后，应将鸟放在一个小的温暖的围栏中，直到它完全苏醒为止。在未完全恢复正常运动能力前，不能让鸟接近水。

四、救护饲养

救护后准备放归野外的雁鸭类，要注意保持其飞翔能力。用于救护饲养雁鸭类的水池岸沿应用混凝土或石头堆砌。也可用网眼30~45mm的铁丝网或尼龙网以巨大的鸟舍形式覆盖整个区域，让鸟类救护期间能够飞行运动。通常水塘内应该有1个或几个小岛提供隐蔽处和筑巢区域。在夏天要求有一些阴凉处。这种笼舍适用于长期救护饲养，或经常要进行雁鸭类救护饲养的保护区，或野生动物管理机构。

短期救护饲养笼舍尺寸可以小一些，可以将鸟关在在室内饲养，或者用金属网或尼龙网圈在室外饲养。室外饲养要求笼舍有能遮雨的顶。地面应覆盖橡胶、木板或者直接为泥地，不能用混凝土地面作为救护笼舍地面，因为水泥地面常会导致救护动物骨痂，脚磨破损伤后发生感染。用于救护饲养的房间要有良好的采光和通风条件。救护动物离开笼舍后应对笼舍进行彻底清扫和消毒，准备再次救护动物。

雁鸭类大多数种类为杂食性，可用各种农作物种子、人工家禽颗粒饲料喂养。注意定期喂饲一些蔬菜或嫩草。食物应该充分，可以随时自由取食。对刚救护饲养的鸟类经常注意观察，确信它们能够正常吃食。排泄物呈鲜绿色，则表示它们没有吃上食物。

五、释放评估

对准备释放的救护雁鸭，经过飞行能力和觅食能力检查，确定无病后，应尽快释放。释放地点选择与雁鸭类生态习性一致的自然环境，如沼泽地、湖区、湿地型自然保护区。

第十六节　雀形目鸟类救护

一、基础知识

雀形目鸟类种类繁多，共有5000多种鸟为雀形目鸟类。它们有的羽色艳丽，有的鸣声动听，有些种类常常被人们捕捉作为观赏鸟饲养。雀形目鸟类种类繁多，栖息生境类型复杂，习性多样，食性也多种多样。通常将吃昆虫、花蜜、浆果、小鱼、小虾的鸟类归为软食鸟，例如各种鸫、鹛、鹟、山雀等；将主要吃种子的鸟归为硬食鸟，例如麻雀、文鸟、各种朱雀、燕雀、金翅雀、蜡嘴雀等。

二、捕捉保定

在笼舍内捕捉雀形目鸟类通常用长柄手抄网，在小鸟笼中可用手直接捕捉。雀形目鸟类形态各异，体形大小差别较大，性情有刚有柔，喙有锐有钝。对不同类型的鸟，要采取不同的捕捉方式。手捕时必须小心，用力适度。用力不足，鸟常从手中逃逸；若用力过重，则容易造成断翅折羽，甚至鸟死手伤。

（1）鸫、鹟、鹛、鸲的手捕：鸫、鹞、鹟、鸲、雀鹛、希鹛、奇鹛以及相思鸟都比较温和，喙不强健，捕捉时被咬不至于受到严重伤害。捕捉时用左手或右手都可以。手握成拳，将鸟握在掌心，鸟头从拇指和食指中伸出拳外，两肢从无名指和小指中伸出，中指和无名指压住鸟胸和腹部，尾部外露，拳握力适中。主要是拇指、食指和小指用力，其余两指不应用力。

（2）鸦类手捕：红嘴蓝鹊、灰树鹊、喜鹊、乌鸦、伯劳、噪鹛等鸟类，有的比较凶猛，有的虽不凶猛，但体形较大，喙强健有力，手捕时常会因鸟反抗而被啄咬，所以手捕时最好两手相助，左手用捕捉鸫、鹟等鸟类的方式握住鸟体，右手控制鸟喙，可以避免被啄咬。

（3）雀类手捕：麻雀、文鸟、燕雀、朱雀、金翅雀、交嘴雀、蜡嘴雀、灰头鸦雀、点胸鸦雀等鸟类，喙强健有力，被咬后常会破皮流血。用右手的食指和中指卡住鸟的颈部和颌骨，不使鸟的头左右旋转。手掌贴住鸟背，拇指和无名指、小指握住鸟体，这样不会被鸟咬伤。

三、救护处理

对需要救护的鸟类，先对鸟的健康和精神状态进行观察。伤残和运动不便的个体很容易观察识别，先挑选出来进行救护治疗。其余的鸟通过观察羽毛色泽、精神状态、排便、采食、活动、鸣叫、呼吸等来判断是否患病或健康，然后决定救护处理措施。鸟儿羽毛色泽光亮，活动正常，采食次数多，为健康鸟，可以直接释放野外。

如果人接近鸟儿，鸟儿反应敏捷，但不能站立，通常可能是腿部骨折；翅膀耷拉通常也是骨折造成的。若接近鸟，鸟呆滞不动，反应迟钝，将鸟握在手上，感到鸟体虚弱无力，则是生病或饥饿所致；如果感到鸟的身体在不停颤抖，表明鸟类开始失去正常体温。针对出现的症状，采取相应措施，先补水保温，然后给予食物。救护鸟类实践经验表明，用稀释果汁给鸟补水，效果很好。

健康鸟粪便多呈条状且包裹有白色物。发现粪便稀并带有黏液或泡沫，甚至有血，排粪次数增加，每次量少且常玷污肛周羽毛，表明鸟患有消化道疾病。若发现某些鸟活动和采食明显不如同笼中的其他鸟，则可能已患病，需进一步观察，找出原因。

鸟的肺部紧贴背部，故呼吸不易观察到。在平静的环境下，鸟如果表现明显的呼吸急促或有声响，是呼吸道有病变所致。发现有上述异常行为的鸟，需要留置在救护中心做进一步观察或治疗，然后根据康复情况再作处理。

需要进行手术治疗和经常搽药的鸟应用小笼关养，便于捕捉处理。因营养不良，精神不好，行动迟缓需要进一步观察，或因饥饿需要短期救助的鸟，可放入大型鸟笼中喂养观察。

如果多种鸟类混笼饲养，注意不要将鸦类、伯劳、噪鹛等性情凶猛的鸟类和其他小鸟关养在一起，这些鸟会将小鸟作为食物捕杀。

经鸟贩长途贩运的鸟被高密度关押在运输笼中，鸟体表面和羽毛上沾染粪便、食物等污垢，羽毛保温作用下降，同时飞行不便，需对鸟的羽毛和脚趾进行清洁。清洗时左手握鸟，握力适度，太紧鸟易受伤，太松则鸟易挣脱。鸟头伸出虎口朝人体方向，两趾从食指与中指间往外伸，将需要清洗的脚趾或羽毛浸入水中，并用软布轻擦污迹。洗毕，再用干布或纸巾汲干羽毛水分，或者用电吹风微风挡吹干羽毛，将鸟放入笼舍。如果救护鸟类数量过大，天气晴朗并且气温较高，直接在笼舍中放入装有清水的浅盆，让鸟自行洗浴。

鸟类飞羽或尾羽折断的机会较多，若等自然换羽更新，则时间太长，影响放归自然。可以采用拔羽刺激生长新羽。拔羽时左手握鸟体，并用左手食指和拇指上下紧紧按住要拔去羽毛的基部，然后用右手捏住要拔除的羽毛，用猛力向外拔。用力方向要与拔除羽的羽基部垂直，不可偏移或左右摇晃，否则易损伤羽基组织。如果折断羽毛较多，不能一次拔除，要隔 2 天再拔 1 次。一次拔除太多，羽基受损并会导致出血。一般经 4~5 周，新羽即能长齐。

四、救护饲养

（1）笼舍设施：救护饲养雀形目鸟类的笼舍内应种植树木或安放栖木供鸟儿站立休息。如果救护鸟类数量多，应多放食物和饮水器。小体型的鸟相对大体型的鸟消耗的热能更多更快，需要不断进食来补充热能的消耗。饲养中要随时保持食物充足，若造成断食会使鸟饥饿死亡。

（2）硬食鸟食物投喂：硬食鸟可用各种农作物种子混合后饲喂。硬食鸟常会捡食混合料中的苏籽、菜籽和麻籽等含油量高的食物，剩下粟、黍、稗等粒料，在添加时不能因仅剩下稗、粟、黍而添加苏籽、麻籽、菜籽等，应该少量添加苏籽、麻籽等粒料，多加粟、黍、稗等粒料，促使鸟接受混合料。鸟多食含油脂高的植物种子对健康不利。硬食鸟取食时，用坚实的喙剥去谷物种子外壳后食之，剥下的外壳常有部分残留在食缸或食槽内而将粒料覆盖，饲养人员常误认为食缸内还有食物，所以必须每天检查添加。如遇覆有外壳，需将食缸内粒料倒出，吹去外壳，添满粒料。

（3）软食鸟食物投喂：软食鸟数量太多时不可能用大量昆虫喂养，通常使用肉鸡或雏鸡配合饲料加水调成湿润粉料喂饲。为引诱鸟吃食，可将面包虫置于粉料上面，鸟吃虫时吃下粉料，逐渐习惯取食粉料。粉料因含较丰富的蛋白质，且常湿喂，容易导致细菌生长，在温暖季节放置5~6小时就会变质。因此，粉料要现调现配，或者等鸟习惯吃粉料后，将湿喂粉料改成干喂粉料。放置粉料的食缸、食槽清洁要求比放置粒料的要高。残剩在食缸内的余料每天必须清洗掉。硬食鸟和软食鸟均需喂给一些水果或蔬菜。青菜是常用的青料，喂时不用切得太细。大棵青菜将菜纵剖为2片或4片，小棵的不必剖开，整棵喂给。青菜要新鲜饱满，最好将菜插入有水的容器中，可保持青菜终日不干瘪。

（4）饮水和水浴：鸟类饮水非常重要，水缸内常有粪便、残食和水垢，使水变质甚至有异味，鸟饮用后易得肠道疾病，故水缸必须勤换水，每日洗刷；或者用专门的饮水器给鸟喂水。为了不使鸟在饮水缸中洗浴，可在水缸中置一块海绵，使鸟无法水浴而又能饮到水。为延迟饮用水变质，还可在水缸中放一小块木炭。生活在自然界的鸟类为维护羽毛清洁，都喜爱水浴，水浴可使鸟体清洁，又是一种运动，对鸟有益。救助饲养鸟恢复健康后释放之前，可以每隔几天水浴1次。体质虚弱患病的鸟则不能水浴。

五、释放评估

救护鸟类一旦恢复健康后应尽快释放到野外，缩短救护饲养时间很关键。释放前对鸟类飞行能力和觅食能力作观察评估，确诊释放鸟没有传染病和其他疾病。释放地点应选择与该种类生态习性一致的自然环境，最好将它们释放回原栖息地点，或者将其释放在有同类栖息生活的自然环境中。

第十七节　蝾螈类救护

一、基础知识

蝾螈类动物属于两栖纲，具有四肢和发达的尾，身体细长，近似鱼形。无活动眼睑，皮肤裸露，黏液腺发达，多数种类以水栖生活为主。多数种类卵生，个别种类卵胎生。幼体在水中以外鳃呼吸，云南有蝾螈 6 种。大鲵全长可达 1.5m，体重 50kg。其他种类的蝾螈全长仅 10~20cm。大鲵生活于山区水质清澈的溪流中，以鱼类和蛙类为食。其余各种蝾螈栖息于稻田、水塘、水沟、湖泊浅水区、山间溪流，主要捕食水生昆虫及其幼虫，也吃蚯蚓、水蚤。香格里拉市分布有山溪鲵，常被作为药材非法捕捉贩卖，遇到执法没收后需要救护。

二、捕捉保定

大鲵性情比较凶猛，捕捉时注意不要被它咬伤，最好两人协作。其他蝾螈性情温顺，通常不会咬人，可直接用手捕捉或用网兜捕捉。捕捉握持蝾螈要掌握好力度，蝾螈体形细长，皮肤光滑布满黏液，用力不足则动物从手中逃脱，用力过度有可能伤害动物。蝾螈的皮肤黏液状分泌物有一定毒性，最好戴上手套捕捉。如果徒手捕捉，注意不要让蝾螈的皮肤黏液沾到自己身体上的伤口、眼睛以及口腔等部位，工作完毕后用肥皂或消毒液认真洗手。

三、救护处理

（1）救护个体甄别：接收需要救护的蝾螈后，对数量进行清点和种类识别。蝾螈常被作为宠物或药用动物捕捉贩卖，混装在编织袋中运输，个体数量很多。先将蝾螈倒在有屏障隔离的草地上，观察其运动能力和健康状态。健康正常的个体挑出用清洁潮湿的编织袋或容器装好，在口袋或容器中放入沾水的苔藓或带叶树枝，令蝾螈躲藏其中。不要在一个容器中装入过多动物，以免互相挤压致死。对健康正常的蝾螈尽快将其释放于野外适当地点，只将伤病个体留下进行救护。

（2）创伤处理：两栖类皮肤结构与陆生脊椎动物有差异，在救护治疗疾病时，给药方式常采用药液沐浴，鲵类可经皮肤吸收药物。如果病情比较严重，亦可采用口服或注射方式给药。轻微创伤可以用碘酒擦拭伤口，或以 0.85%的食盐水浸泡伤口，即可恢复。口腔溃疡可用雷佛努尔溶液冲洗口腔，涂上龙胆紫，每天 1 次，直至脓状分泌物不再出现，再涂数天至痊愈。较大较深伤口，或已经溃疡腐烂伤口，则要采取外科手术治疗并投喂抗生素。

（3）个人安全：两栖类的其他疾病包括细菌性感染，高密度饲养时容易爆发因革兰氏阴性菌引起的红腿病。沙门氏杆菌多造成胃肠道疾病，结核菌感染常引起皮肤病灶。两栖类的病毒性疾病不容易诊断，比较常见的是疱疹病毒。两栖类有可能成为人类某些疾病的带源者，例如日本脑炎及西部马脑炎，均为两栖类传染。因此，救护两栖类时要注意做好防护，最好不要徒手捕捉生病的动物，也不要让池水沾在自己的皮肤和伤口上。两栖类动物疾病观察治疗比其他陆生野生动物更困难，常常在初期不易发觉，等到很严重时才发现，这时治疗常常无济于事。因此，在两栖类救护饲养中贯彻“预防优于治疗”的原则非常重要，做好预防管理，保持池水的清洁，投喂食物新鲜，种类多样。

四、救护饲养

蝾螈用水族箱或塑料盆饲养救护，大鲵用塑料大缸或大盆救护饲养，也可以建立救护饲养池。饲养箱要有调节控制温度的设施，如加热管或照明灯泡。蝾螈类长期处于 30℃上的高温下，容易死亡，调节控制饲养区的温度很重要。

蝾螈类对水的要求较高，最好采用清洁的山泉或溪流水。用自来水饲养蝾螈，应至少将自来水晾晒 24 小时，让其中的氯挥发。饲养救助蝾螈的水族箱应容易清洗和消毒，救助饲养单元不论大小，要有一定比例的陆地和遮蔽物，供蝾螈上岸休息躲藏。在饲养箱内安放石块、树枝遮蔽物，栽种水草，供其躲避。

饲养蝾螈的水族箱中的水应每天更换一部分，以确保水的清洁。蝾螈可以用鸡肉、牛肉、面包虫、蟋蟀、蚯蚓、水蚯蚓，甚至人工配制的观赏鱼饲料喂养，每周喂食 2 次。若气温降到 15℃以下时，蝾螈食欲会明显减退。如果救护的蝾螈不主动吃食，应进行诱食。用镊子夹住食物慢慢递到蝾螈面前，让其嗅闻，若无反应可用食物轻触其吻部，有的个体会吓跑，有的个体会上前咬住食物吞咽。经过一段时间诱食，几乎所有蝾螈都会自行觅食。

五、释放评估

经救护恢复正常的蝾螈，释放前确认具有正常摄食能力和运动能力，将其释放到合适的栖息生境。山间溪流种类释放于山间溪流，农田种类释放于农田。释放时还要考虑释放地海拔高度与该物种分布的海拔高度吻合。不分布于云南省内的蝾螈不能释放到野外，可交给科研院所做教学或研究用。

本章参考文献

[1] 艾伦·诺宾诺维茨编著．野生动物管理培训手册［M］．赵其昆，等译．科学技术出版社，1996.

[2] 吕向东，马文中主编．野生动物饲养与繁殖［M］．西安：陕西科学技术出版社，1986：225-229.

[3] 曾中兴，白寿昌，等编．猕猴驯养知识［R］．广州：广州师范学院教材印刷厂，1989.

[4] 吕向东，赵云华，吕慧．野生动物饲养与管理［M］．北京：中国林业出版社，2001.

[5] 黄恭情．野生动物疾病与防治［M］．北京：中国林业出版社，2001.

[6] 李安兴．两栖类疾病防治［J］．动物园杂志，1996（61）：54-56.

[7] 邓若君．两栖类的饲养管理［J］．动物园杂志，1995（57）：34-41.

第八章　野生动物疫源疫病监测

第一节　野生动物疫源疫病种类与危害

开展野生动物疫源疫病监测工作，是为防控由野生动物引起的动物、人、家畜之间的疾病传播，提供科学监测信息，达到提前预警，防止传播危害，维护国家公共安全，饲养动物卫生安全和保护野生动物资源的目的。

一、重大动物疫源疫病种类

野生动物是狂犬病、鼠疫、犬瘟热、高致病性禽流感等诸多人兽共患病病原的携带者和宿主。疫病不仅对珍稀濒危野生动物构成严重威胁，也直接威胁家畜、家禽和人类的生命健康，造成巨大经济损失。历史上许多重大的人类疾病和畜禽疾病都来源于野生动物，根据《中华人民共和国动物防疫法》规定：动物疫病包括一类、二类和三类疫病。在已知的1415种人类病原体中，62%是人兽共患的，充分说明动物疫病给人类生存繁衍或财产安全带来严重威胁，应引起各级部门高度重视。主要动物疫病种类见表8-1。

表8-1　主要动物疫病分类表

动物疫病	危害程度及应对	病种
一类疫病	对人与动物危害严重。采取紧急、严厉的强制预防、控制、扑灭等措施	口蹄疫、高致病性禽流感等17种
二类疫病	可能造成重大经济损失。采取严格控制、扑灭等措施，防止扩散	狂犬病、炭疽等77种
三类疫病	常见多发、可能造成重大经济损失。控制和净化	大肠杆菌病、李氏杆菌病等63种
合计		157种

二、野生动物疫源疫病的危害

野生动物生活习性不同，生存环境多样，所携带的病原体极其复杂，加之野生动物活动范围广，部分物种具有迁徙的习性，传播疫源疫病的渠道较为广泛，不仅可通过与家畜、家禽直接接触传播疾病，还可以通过污染水源、空气间接途径传播。一旦发生交叉感染，变异或重大传染性疫病流行，势必危及人类和野生动物安全，危及畜牧业和野生动物产业的健康发展，可能给生态安全、公共卫生安全造成难以估量的危害。

三、野生动物疫源疫病的发生状况

随着经济全球化进程的不断加快，人类活动干扰影响不断加剧，野生动物携带的病原体呈现变异加速、致病力增强的趋势。狂犬病每年造成全球人类死亡 3.5 万~5 万例，中国每年感染人数居世界第二位，其中超过 3%的感染病例由陆生野生动物引起，蝙蝠、獾类等野生动物直接引起人感染狂犬病死亡的病例时有发生。口蹄疫是近年来的主要疫病，2011 年在越南、日本、韩国就发生口蹄疫疫情 528 起，疫情迅速蔓延到 100 多个农场，导致 170 万头牲畜被扑杀。

2006 年以来，全球 H5N1 亚型禽流感疫情报道呈逐年递减趋势，但与中国毗邻的越南、老挝、缅甸、柬埔寨、蒙古、俄罗斯等周边国家的禽流感疫情，反复发生的态势未见改观，对云南省乃至我国构成严重威胁。与云南省接壤或相邻的东南亚及南亚国家，禽流感疫情及人感染病例每年均有发生，成为全球高致病性禽流感分布流行的主要区域，难以根除。最新研究表明，云南省境外动物体内又发现了新的变异毒株，其传播与野生鸟类迁徙密切相关。

一些新发现的病毒也非常值得关注。如尼帕病毒自 1997 年首次在马来西亚爆发后，相继在新加坡、印度、孟加拉国等东南亚和南亚国家蔓延。果蝠是尼帕病毒的中间宿主，抗体阳性的蝙蝠已在云南、海南发现。由于陆生野生动物的迁徙性，一些新发和重发传染病和外来疫病，可能经陆生野生动物传入中国。

云南省地处低纬高原，地理、气候条件、病原微生物种类十分复杂，深受多种自然疫源性疾病的危害。其中鼠疫、钩端螺旋体病、布鲁氏菌病、炭疽、狂犬病、流行性出血热、登革热、流行性乙型脑炎、疟疾、血吸虫病等疾病分布广泛，流行严重，危害较大。

第二节　野生动物疫源疫病监测的意义

野生动物疫源疫病监测工作的目的是防控由野生动物引起的动物、人、饲养动物之间的重大人兽共患病疫情，为防控重大人兽共患病疫情提供科学监测信息，达到提前预警，防止传播危害，维护国家公共卫生安全、饲养动物安全，保护野生动物资源的目的。

野生动物是携带和传播疫病的重要媒介，当前全球生态失衡，环境污染日益严重的情况下，野生动物病原体变异速度呈现不断加快的趋势，野生动物感染传播疫病的风险越来越大，传播途径越来越广。开展野生动物疫源疫病监测，就是建立一道前沿哨卡。通过监测，及时发现野生动物疫情，对疫情发生的种类和可能的传播范围迅速作出判定，采取措施，阻断疫情向人类和家禽、家畜传播的途径，从而将疫情控制在最小范围，保障人民生命健康安全。

20 世纪，全球爆发了 3 次流感，20 世纪 50 年代末和 60 年代末的两次流感源自禽流感，导致 175 万人死亡。全球每年因狂犬病死亡 3.5 万~5 万人，中国 2004 年因狂犬病死亡 2651 人。2002 年 11 月~2003 年 6 月 12 日肆虐中国及世界 31 个国家的 SARS，发病总数 8300 例，死亡 791 人。

野生动物是宝贵的自然资源，在维护生态平衡中有不可替代的作用。由于野生动物生态习性不同，栖息生境多样，携带的病原体极为复杂，一旦发生交叉感染或变异，可能导致野生动物出现重大疫病，危害野生动物。疫病在传染给人类的同时，对生态平衡造成破坏，珍稀保护动物若感染重大疾病，多年的保护成效将毁于一旦，给自然系统造成无法弥补的损害。

第三节　野生动物疫源疫病监测概况

鉴于野生动物疫源疫病对人类健康的严重危害，全社会迫切需要加强对人和野生动物共患疾病的监测防控，维护公共卫生安全。按照党中央、国务院关于加强动物防疫体系建设和维护公共卫生安全的要求，国家林业局和中国科学院针对野生动物携带传播人兽共患病的现状，共同提出在全国建立陆生野生动物疫源疫病监测体系的构想，通过整合现有资源，以现有的野生动物保护体系、自然保护区管理体系、野生动物救护繁育体系、鸟类环志网络、林业有害生物防治体系和森林生态定位观测体系为主体，在野生动物疫病多发地区，人与野生动物、家养动物密切接触地区，野生动物迁徙通道，迁飞候鸟越冬地、中途停歇地和繁殖地等野生动物集中分布的区域，建立野生动物疫源疫病监测站点，对野生动物疫源疫病进行有效的监测。

一、历史回顾

1982 年，原林业部成立了鸟类环志中心，在全国范围开展鸟类环志工作，经过 30 年的建设，建立了 60 多处鸟类环志站，初步形成了中国鸟类环志网络。共计环志鸟类 600 多种 190 余万只，基本掌握了中国东部、中部和西部 3 条候鸟迁徙路线的分布情况，收集了 100 多种候鸟在中国分布、迁徙、越冬的数据资料。

1995~2003 年，原林业部组织开展了第一次全国陆生野生动物资源普查，掌握了中国主要的 252 种陆生野生动物资源分布、数量、栖息生境等方面的资料，为评估野生动物濒危状况、科学制定保护措施提供了依据，也为开展野生动物疫源疫病监测防控工作提供了重要的本底资料。

2003 年，非典型性肺炎（SARS）和禽流感先后爆发，在抗击这两种疾病的工作中，林业部门派出专家参加 SARS 病学工作组，参与野生动物和驯养动物采样、疫情预测预报、基因疫苗研制等多项工作。2004 年，在防控高致病性禽流感工作中，林业系统针对鸟类可能传播疫病的隐患，及时采取措施，开展了各地鸟类疫情监测，严厉打击非法猎捕野生动物行为，加强鸟类保护管理，协助开展科学研究等一系列工作。

国家林业局和中国科学院 2004 年联合向国务院呈报了《关于建立全国陆生野生动物疫源疫病监测预警体系的请示》，组织专家编制了《全国陆生野生动物疫源疫病监测预警体系建设总体规划》。国务院将野生动物疫源疫病监测体系建设正式纳入《全国动物防疫体系建设规划》，并于 2006 年批复实施。

中国的野生动物疫源疫病监测工作刚刚起步，有关的科学研究积累十分有限，但是林业系统经过几十年的工作，已经建立了较为完善的野生动物保护体系、自然保护区管理体系、野生动物救护繁育体系、鸟类环志网络、林业有害生物防治体系和森林生态定位观测体系，这些机构基本覆盖了我国野生动物分布的森林、草原、荒漠和湿地等各类栖息地，为开展野生动物疫源疫病监测工作提供了良好的组织基础。全国鸟类环志中心、全国野生动植物研究发展中心、野生动植物检测中心、国家濒危野生动植物种质基因保护中心等研究机构，为监测工作提供了技术支撑。2005 年，国家林业局成立了野生动物疫源疫病监测总站，为野生动物疫源疫病监测体系的建设提供了有效的组织保障。

二、动物疫源疫病监测工作情况

2005 年，国务院颁布了《重大动物疫情应急条例》，在此条例的指导下，林业系统开展了以下各项工作：

（一）开展监测站点建设

2005 年，在全国各地野生动物重要活动区域，建立了第一批 150 个国家级监测站，每个监测站布设了固定监测点和巡查路线。配套建立了 400 多处省级监测站。未建立监测站点的，监测工作由基层林业部门承担。2006 年，建立了第二批 200 个国家级监测站。目前，在野生动物集中活动区域共建立了 350 个国家级监测站、768 个省级监测站，基本形成中国野生动物疫源疫病监测体系。

（二）强化基础设施设备建设

林业部门为各个站点配备了必要的监测、消毒、防护等设备设施，保证监测工作正常开展。每个国家级监测站配备了 40 万元的基础设施建设资金，购置电脑、照相机、望远镜等设备，部分地方政府还提供了配套资金。

（三）组建了相对稳定的专业与兼职结合的监测队伍

全国各级监测站专职监测人员达 8000 余人，兼职监测人员 30000 多人，初步搭建了以各级政府为主导，林业部门为主管，以国家和省级监测站为骨干，市县级监测站为补充的比较完备的野生动物疫源疫病监测防控体系。

（四）规章制度建设情况

各监测站在监测工作中围绕“勤监测、早发现、严控制”“第一时间发现，第一现场控制”的要求，初步探索出一套监测防控的长效机制。

一是在国务院颁布《重大动物疫情应急条例》后，确立了县级以上林业主管部门开展野生动物疫源疫病监测工作的法律地位，依法监测的局面初步形成。

二是国家林业局颁布了《陆生野生动物疫源疫病监测规范（试行）》，使监测工作有章可循。有的省区还结合本地区实际情况编制了《监测工作操作细则》《监测人员防护技术规则》等技术性文件，规范监测行为，提升了监测工作的规范化和科学化。

三是制定了监测防控野生动物疫源疫病领导责任制度和责任追究制度，确保了监测工作领导有力，组织有序。

四是编制了各级林业部门突发重大野生动物疫情应急预案，强调各项措施的针对性、适用性和可操作性，提高了各级林业部门应对突发重大野生动物疫情的快速反应和应急处置能力。

五是加强了监测站点站务建设和业务管理，建立健全了监测工作方案，监测人员岗位责任制度和疫情监测、值班、信息管理、考核奖惩、档案管理、信息保密等工作制度，保证人员在岗在位，确保监测工作落实到实处。

（五）取得的阶段性进展

经过监测实践，总结形成了以“六个结合”为主要特点的监测方式，即定点监测和线路巡查相结合；区域重点监测和辖区全面监测相结合；国家级监测站与省级、市县级监测站监测相结合；站点监测和群众举报相结合；疫病监测和野生动物资源监测、活动规律研究、鸟类环志相结合；野外动态监测和室内静态分析相结合等多种形式的监测方法，多管齐下，全面开展监测工作。

各地林业部门及时发现、妥善处置了717起野生动物（212种，36538只）异常死亡状况，排查清除了大量野生动物疫情隐患，阻止了四川旱獭鼠疫、内蒙古野生鸟类禽霍乱、新疆野马马流感等多起野生动物疫情的扩散蔓延，特别是成功防控了连续两年发生在青藏高原的候鸟高致病性禽流感疫情。野生动物疫源疫病监测防控工作取得了阶段性胜利，为确保公共卫生安全，构建和谐社会，促进经济发展做出了重要贡献。

第四节　云南野生动物疫源疫病防控

2003~2004年，中国相继发生非典和高致病性禽流感疫情，对全国卫生安全和社会稳定造成极大影响。因此，建立陆生野生动物疫源疫病监测网络体系，对可能发生的野生动物疫情、受影响范围和潜在危害进行监测预报，得到了党中央和国务院的高度重视。2004年，国家林业局编制的《陆生野生动物疫源疫病监测体系建设规划》列入《全国动物防疫体系建设规划》。2005年11月，国务院颁布的《重大动物疫情应急条例》第四条明确规定“县级以上人民政府林业主管部门、兽医主管部门按照职责分工，加强对陆生野生动物疫源疫病的监测”，赋予了各级政府和林业行政主管部门开展陆生野生动物疫源疫病监测工作的新职责。

云南省野生动物种类繁多，截至2016年，已知陆生野生脊椎动物1656种，其中兽类313种，鸟类945种，两栖类189种，爬行类209种。野生动物在保持云南生态平衡以及在生物医学、科研教学、促进地方经济发展等方面发挥了重要作用，野生动物同时也是携带和传播疫病的媒介之一，一方面可以由远距离迁徙，通过直接或间接接触实现疫病的大范围传播；另一方面可以通过贸易、交往和不安全的携带病料造成疫病传播扩散。全球候鸟迁徙路线中，有2条迁徙线路经过云南省。云南省高原湖泊众多，是鸟类迁徙途中的重要停息地、越冬地和繁殖地。云南省还有许多野生动物分布密集区，如西双版纳、无量山、南滚河等国家级自然保护区，也有昆明、玉溪等野生动物饲养繁殖场所较为集中的区域，加之云南地处边陲，和周边国家的交易流通频繁，野生动物可以通过漫长的国境线自由进出。野生动物及其生存环境的多样性使其所携带的病原体极其复杂，形成庞大的天然病原体库（如寄生虫、细菌、衣原体、病毒等）。因此，云南省一直是中国野生动物疫病最严重的地区之一，野生动物疫源疫病监测的形势严峻，任务艰巨。同时，云南又是一个多民族聚居的西部欠发达边疆省份，社会经济发展滞后，医疗卫生整体基础薄弱，相邻国家经济较落后，传染病控制能力弱，易于跨境传播，使云南历史上就是传染病的高发区和重灾区。在《中华人民共和国传染病管理法》法定的27种甲乙类传染病中，云南就有25种，占法定传染病的92%，其中鼠疫、疟疾疫情多年来始终位居全国第一。两者均来源于野生动物，或者其主要宿主和传播媒介是野生动物。

云南省是全国发生陆生野生动物疫情风险较高的地区之一，监测工作具有“线长、点多、面广”三大特点。线长是指云南省与缅甸、越南、老挝三国的边境线长达4061km，有众多的边境通道和边民互市集贸市场。点多是指全球候鸟迁徙路线的中亚和西亚路线经过云南省。众多的高原湖泊是鸟类迁徙的重要停歇地、越冬地和繁殖地。面广是指一方面，云南省地处低纬高原，地理、气候条件、病原微生物种类十分复杂，野生动物深受多种自然疫源性疾病的危害，导致野生动物感染的疾病和携带的病原体复杂化、多样化；另一方面，云南省素称“动物王国”，丰富的野生动物种类和多样的生存环境使其携带的病原体极其复杂，形成庞大的天然病原体库，动物疫病发生的可能性极高。

第五节　云南野生动物疫源疫病监测现状

一、监测站建设

根据2008年编制并经云南省政府批准的《云南省陆生野生动物疫源疫病监测体系建设规划》，云南省监测网络体系由省监测总站、州市监测管理站和监测站组成。监测总站、州市监测管理站为监测管理机构，监测总站设在省级林业行政主管部门，州市监测管理站设在州市林业局，分别负责辖区内陆生野生动物疫源疫病监测工作的组织、管理与监督。监测站设在具有独立法人资格的现有林业基层机构或单位，承担监测区域内陆生野生动物疫源疫病监测任务。

2012年，云南省投资建设45个监测站，其中监测管理站8个、监测站37个。16个州市和129个县已建立235个监测站，主要分布在丽江、迪庆、保山、昆明、红河、昭通、文山、曲靖、楚雄等州市，初步形成云南省野生动物疫源疫病监测网络体系。

二、监测能力

（1）监测网络体系基本形成：根据云南省政府批准的《云南省陆生野生动物疫源疫病监测体系建设规划》，已经建设45个国家和省级监测站。监测站主要设在鸟类迁徙通道及聚集地、边境沿线、陆生动物分布密集区域和出省交通通道等重点防护区及其附近，基本形成监测体系。

（2）规章制度趋于完善：云南省林业厅制定出台了《云南省陆生野生动物重大疫情预防和处置指导意见》《应急预案》《云南省陆生野生动物疫源疫病监测体系和省级监测站建设管理办法（试行）》等管理规范，16个州市均编制了应急预案，部分监测站制定了岗位职责，监测工作已逐步制度化和规范化。

（3）监测能力明显提高：云南省野生动物疫病监测工作主要依托野生动物保护管理站、自然保护区管理机构、林业有害生物防治站、鸟类环志站、野生动物救护繁育单位等现有机构和人员开展，通过几年监测工作实践和技术培训，监测工作人员基本掌握了疫源疫病监测技术。同时，通过国家级和省级疫源疫病监测站的建设，购置了部分相应的监测设备，用于日常监测工作，野生动物的疫源疫病监测能力明显提高。

三、存在的问题

（1）认识有待提高：由于陆生野生动物疫病的隐蔽性和突发性，加之近几年没有发生大的突发性动物疫病，部分地区防范思想松懈，忽视陆生野生动物疫源疫病监测工作的现象明显，思想认识有待提高。

（2）机构有待完善：根据云南省政府批准的《云南省陆生野生动物疫源疫病监测体系建设规划》，云南省需要建设78个监测管理站，但目前仅投资建设了45个，建设率为64%。同时，监测工作的兼职人员占到91.4%，主要挂靠在林业站和天保所，监测工作仅为附属工作，导致部分监测站人员和工作难以落实，工作开展难度大。

（3）经费严重不足：除国家林业局和省林业厅为国家级、省级监测站安排了部分经费，各州市县级监测站基本未安排监测经费。因缺乏经费，监测工作仅依靠原有工作条件和设备，没有储备相应的应急物资和防护设备，应急处置能力受到影响。

（4）缺乏专业知识：承担监测工作的人员均为自然保护区、林业局、林业站、森防站或鸟类环志站等机构的职工，监测工作仅是其工作中的一部分，承担监测工作的人员因工作需要还会出现岗位变动，新承担监测工作的人员没有经过专业技术培训，缺乏对陆生野生动物巡查、疫病观察和识别等相关知识，不利于监测工作的正常开展。

（5）监测对象不明确：部分监测站存在监测对象不明确的现象。一是缺少本底数据，部分监测站将所有陆生野生动物纳入监测范围，重点不突出，没有制定监测方案；二是部分监测站的主要监测对象确定不科学，以分布极少或难以观察的动物为对象，由于缺乏可操作性而影响监测效果；三是边境地区的野生动物疫源疫病监测工作，常以保护区野外监测为主，没有将主要监测工作集中在边境口岸需要监测的场所；四是由于云南省重要的野生动物疫病疫源动物种类和分布状况不清，不能确定有关的监测疫病和疫源动物。

第六节　野生动物疫源疫病监测

2006年，国家林业局以林护发［2006］34号文，印发了《陆生野生动物疫源疫病监测规范（试行）》，对疫源疫病监测、样本采集保存、包装和检测、防护措施、监测信息报告及处理、疫情发布等进行了规定，其中疫源疫病监测的内容包括监测的陆生野生动物疫源疫病范围、监测的疫源疫病主要种类、监测的主要野生动物种类、监测的主要区域、监测方法、监测强度、野外监测的具体内容、监测记录表进行了规定。

一、监测范围

《陆生野生动物疫源疫病监测规范（试行）》第七条指出，监测的陆生野生动物疫源疫病范围包括：

（1）作为储存宿主、携带者能向人或饲养动物传播造成严重危害病原体的野生动物。

（2）已知的野生动物与人类、饲养动物共患的重要疫病。

（3）对野生动物自身具有严重危害的疫病。

（4）在国外发生，有可能在中国发生的与野生动物密切相关的人或饲养动物的新的重要传染性疫病。

（5）突发性的未知重要疫病。

二、监测疫病种类

野生动物是狂犬病、鼠疫、犬瘟热、高致病性禽流感等诸多人兽共患病病原的携带者和宿主。疫病不仅对珍稀濒危野生动物构成严重威胁，而且也直接威胁家畜和人类的生命健康，造成巨大的经济损失。历史上许多重大的人类疾病和畜禽疾病都来源于野生动物，根据《中华人民共和国动物防疫法》规定，动物疫病包括一类、二类和三类疫病。在已知的1415种人类病原体中，62%是人兽共患的，充分说明动物疫病给人类的生存繁衍或财产安全带来严重威胁，应引起各级各部门高度重视。《陆生野生动物疫源疫病监测规范》第八条指出，监测的疫源疫病主要种类包括：

（一）鸟　类

细菌性传染病：巴氏杆菌病（禽霍乱）、肉毒梭菌中毒、沙门氏杆菌病、结核、丹毒等。

病毒性传染病：禽流感、冠状病毒感染、副黏病毒感染、禽痘、鸭瘟、新城疫、东部马脑炎、西尼罗河病毒感染、网状内皮质增生病毒感染等。

衣原体病：禽衣原体病（鸟疫）等。

立克次氏体病：Q热病等。

（二）兽　类

细菌性传染病：鼠疫、猪链球菌病、结核、野兔热、布鲁氏菌病、炭疽、巴氏杆菌病等。

病毒性传染病：流感、口蹄疫、副黏病毒感染、汉坦病毒感染、冠状病毒感染、狂犬病、犬瘟热、登革热、黄热病、马尔堡病毒感染、埃博拉病毒感染、西尼罗河病毒感染、猴B病毒感染等。

另外，其他可引起野生动物发病或死亡的不明原因的疫病，以及国家要求检测的疫源疫病。

三、监测的主要野生动物种类

《陆生野生动物疫源疫病监测规范》第九条指出，监测的主要野生动物物种包括兽类（灵长类、有蹄类、啮齿类、食肉类和翼手类）和鸟类，特别是候鸟等迁徙物种和珍贵濒危野生动物。

云南省各级监测站确定为主要监测对象的野生动物共有105种，以鸟类为主，共83种，兽类22种。关注度最高的是黑颈鹤，被49个监测站定为主要监测对象或主要监测对象之一，其他依次为白鹭、环颈雉、灰鹤、黑鹳、野猪、黑熊、家燕、猕猴等。监测对象确定有明显的地域性。滇中以红嘴鸥为主；滇东北以黑颈鹤为主；滇南以兽类为主。监测重点区域湖泊、库塘等湿地以水禽和越冬鸟类为主；迁徙通道以迁徙候鸟为主；保护区以主要保护对象和当地优势物种为主。边境一线和主要出省通道监测站，则以进出境动物和当地分布动物为主。在586家养殖单位中，针对养殖对象也开展了疫病监测工作。

四、监测的主要区域

《陆生野生动物疫源疫病监测规范》第十条指出，监测的主要区域包括：

（1）监测物种的集中分布区域，如集中繁殖地、越冬地、夜栖地、取食地及迁徙途中停歇地等。

（2）监测物种与人和饲养动物密切接触的重点区域。

（3）曾经发生过重大疫病的区域及周边地区。

根据各地具体情况，云南的重点监测区域分别涉及如下区域：

（一）迁徙通道和集聚点

云南是中国西部非常重要的候鸟迁徙通道和越冬地。很多在北方繁殖的鸟类在向南迁飞的过程中，主要沿横断山系的峡谷由北向南迁飞。候鸟在云南的迁徙通道有两条：一条由四川盆地沿乌蒙山西侧，金沙江河谷向南，再沿红河一直向南，到达东南亚和印度尼西亚等地；另一条从青藏高原沿云岭余脉——罗坪山、苍山、哀牢山一线至元江、红河，一直往南。秋季候鸟沿这些迁徙通道向南飞行时，若遇到没有月亮、起雾刮南风的夜晚，因迷失方向降低飞行高度，遇到光亮就飞近光源。村民利用鸟类的趋光行为，大雾天气在山上燃点篝火捕鸟，这些地点被称为打雀山。在云南记录夜间鸟类聚集迁飞的打雀山共有47处，分属云南21个县市。除过境旅鸟和越冬候鸟外，夏季还有一些从东南亚进入云南繁殖的鸟类。鸟类迁徙的通道或鸟类聚集地，是疫病发生和传播的敏感地区。

（二）保护区和重要鸟区

云南全省已建各种类型和不同级别的自然保护区156个，总面积281.18万hm^2，占全省国土总面积的7.1%。基本形成布局合理、类型齐全的自然保护区网络体系，其中野生动物类型自然保护区20处，面积41.85万hm^2，分别占全省自然保护区总数的12.8%和总面积的14.9%；森林生态系统类型自然保护区91.7处，面积213.11万hm^2，分别占全省自然保护区总数的58.8%和总面积的75.8%；湿地生态系统类型自然保护区16.3处，面积13.98万hm^2，分别占全省自然保护区总数的10.4%和总面积的5.0%。

国际鸟类保护联盟在中国确立了512个重点鸟区，云南有42个。自然保护区和重要鸟区均是野生动物和鸟类物种丰富的地区，也是野生动物疾病发生和传播的敏感区。

（三）重要水禽越冬地

云南地处低纬度高原，大部分地区冬暖夏凉，四季如春，为鸟类躲避寒冷提供了有利的条件。云南是很多候鸟的重要越冬地，云南记录的32种雁形目鸟类，有28种为冬候鸟，占记录种数的87.5%。这些旅鸟和冬候鸟，夏季在青藏高原、中亚以及中国东北或更北的地点繁殖，冬季在云南或更南的地区越冬。在云南越冬的水禽主要分布在香格里拉市纳帕海、丽江拉市海、剑川剑湖、大理洱海、昆明滇池、宜良阳宗海、江川星云湖、通海杞麓湖、澄江抚仙湖、会泽大桥水库、石屏异龙湖、个旧大屯海、蒙自长桥海等地，每个越冬地冬天都有数百只、数千只到数万只水禽越冬，高度密集的水禽为疫病传播创造了条件。

（四）边境贸易集散地

云南全省边境线长达4061km，8个州市的27个县市与缅甸、越南、老挝接壤，毗邻泰国、柬埔寨，是中国通往东南亚的重要通道。边境有 20 多条出境公路，95 条边境通道，100 多个边民互市集贸市场，边境贸易活跃。现有 11 个一类口岸，9 个二类口岸。对疫源疫病传播有较大影响的主要为分布在边境一线的陆运口岸，11 个一类口岸中，有 7 个陆运口岸、9 个二类口岸全系陆运口岸。口岸地区因边民自由往来，人口流动量大，贸易活动频繁，陆生野生动物疫源疫病的传入可能性大，容易快速扩散，从而使口岸地区成为疫病传播的高风险区域和监测的重点区域。

20 世纪 80 年代末期，中国逐渐变成世界上最大的野生动物资源进口国之一。2005~2011 年期间，怒江州、保山市、德宏州三地共查获 168 起涉及野生动物资源犯罪案件，涉案 64 种野生动物，累计 28993 只个体。涉案兽类中有穿山甲、亚洲象、黑熊、水鹿、犀牛等，涉案鸟类中有红领绿鹦鹉、绯胸鹦鹉、灰头鹦鹉、凤头鹰、中华山鹧鸪、领角鸮、双角犀鸟等，涉案爬行动物中有巨蟒、缅甸陆龟、齿缘龟等。

（五）重要交通通道

云南目前交通通道格局为“四出境、七出省”。四出境公路通过腾冲、瑞丽、勐腊、河口分别通向印度雷多、缅甸皎漂、泰国曼谷、越南河内，七出省公路通过富源、宣威、水富、镇雄、华坪、贡山、德钦通向相邻的广西、贵州、四川、西藏 4 个省区。邻国和邻省区，一旦发生动物疫情，疫源将通过这些通道，很快向云南省传播，省内疫情也会迅速向省外扩散。疫病监测中这些区域应受到高度关注。

（六）陆生野生动物驯养繁殖基地

野生动物驯养繁殖场所是动物疫病潜在高发区，野生动物疫病一方面可通过养殖及利用等环节接触到动物养殖从业人员、商贩、消费者，同时也有可能将疫病传播给野外生存的野生动物，从而危及野生动物野外种群安全。因此，野生动物驯养繁殖场所也是动物疫源疫病监测的重点及敏感地点。

第七节　监测方式和内容

一、监测方法

各级监测站点应根据辖区野生动物分布活动的具体情况，确定重点监测区域和一般监测区域，使监测范围能够基本覆盖所监测的野生动物活动区域。采用点面结合的监测方式，分线路巡查、定点观测和群众举报等方法开展监测工作。

（1）线路巡查：在监测站点所辖区域根据野生动物种类、习性以及当地生境特点，设立陆路、水路巡查线路，定期按路线进行巡查，对沿线野生动物情况进行观察记录。巡查线路能够覆盖整个监测区域。

（2）定点观测：在野生动物聚集地或迁徙通道，设立固定观测点进行定点观测。通常每 7~15 天开展 1 次路线巡查或定点观测。特殊情况对重点路线的巡查和重点区域的定点观测，应该 1 日 1 次。紧急情况下应对重点区域和路线实行 24 小时监控。野生动物的聚集地，如越冬地、营巢地、觅食地、迁徙通道及中途停歇点通常是重点监测区域，应设立专人值守固定观测点进行定点观测，记录野生动物异常情况。

（3）群众报告：各监测站通过向社会广泛宣传野生动物和疫病监测的有关知识，向社会公布联系电话，沟通群众与监测站点的联系。接到群众报告野生动物发生异常情况，应立即赶赴现场处理。

二、监测内容

《陆生野生动物疫源疫病监测规范》第十三条指出，野外监测的具体内容包括：

（1）监测区域内和周边地区野生动物的种群动态和活动规律。

（2）监测区域内和周边地区野生动物的发病和非正常死亡的情况。

（3）监测区域内和周边地区野生动物行为异常、外部形态特征异常变化或种群数量严重波动等异常情况。

三、监测要求

一般情况下每7~15天进行1次路线巡查或定点观测。上级监测管理单位要求或当地及周边发生重大人兽共患病疫情时，对重点路线和重点区域的巡查，应做到每天1次。紧急情况下，要对重点线路和重点区域进行24小时监控。野外监测人员应在监测工作结束后，及时将监测情况填入野生动物疫病野外监测记录表（见附件1），用于监测站监测档案资料存档。

野生动物疫病野外监测记录表填写要求：

（1）监测人：应为经过相关专业培训且具备上岗资格的专职监测员。

（2）监测站点：应说明为某国家级或省级野生动物疫源疫病监测站及所属的某监测点或巡查线路名称，例如：青海湖国家级野生动物疫源疫病监测站——黑马河监测点，巡查线路用线路起点和终点的具体地名。

（3）监测区域：监测点所负责的监测区域，以当地地名为准。

（4）地理坐标：每次外出监测时GPS给出的地理坐标数据，要求出发即开机，发现野生动物集群活动或有异常情况时，在保证安全的前提下，尽可能靠近野生动物或异常死亡的动物，用GPS定位仪记录数据，监测工作结束后，将GPS数据转入计算机上报并保存。

（5）种类：野生动物的种类应为学名，必要时可请相关方面专家进行鉴定。

（6）种群数量：观察记录的某种野生动物种群数量。

（7）生境特征：按《全国陆生野生动物资源调查与监测技术规程》（修订版）执行。野生动物生境分为森林、灌丛、草原、荒漠、高山冻原、草甸、湿地、农田八大类型。

（8）种群特征：指该物种的种群是否具有迁徙习性以及年龄结构和性别情况，例如：3成体、2亚成体、1幼体，3雌3雄。

（9）异常情况记录：如在监测中发现野生动物异常情况，需要注明死亡前或死亡后的外观症状（皮肤是否出血、动物精神状态、行为状况等）、死亡数量以及发病数量。

（10）现场初步检查结论：由监测人员或当地动物防疫部门的兽医作出结论。明显可判定为非疫病因素的可由监测人员作出结论，其他均由动物防疫部门的兽医作出结论。

（11）现场处理情况：填写是否采取现场消毒（包括消毒药液和方法）、隔离等现场处理措施。

（12）异常动物处理情况：对初步检查发现异常的野生动物是否取样、是否进行了掩埋焚烧等《监测规范》规定的处理措施。

四、样本采集和报检

（一）样本采集原则和表格填写

样本采集方法见第六章有关章节讲述，此处介绍样本采集原则和填报表格要求。

（1）怀疑为重大动物疫情的应立即报告当地动物防疫部门，由其组织开展取样。确认为非重大疾病致死的，各级监测站点可根据自身条件组织取样，送国家林业局指定实验室检测。

（2）对于国家和省级重点保护动物，紧急情况下实行死亡动物采样和报批同时进行，正常情况下，应先获得国家相关部门的行政许可，根据国家有关规定，确定具体采样方式和采样强度。

（3）为了确保从业人员和野生动物安全，野生动物捕捉必须由专业人员进行。

（4）国家重点保护野生动物、珍稀濒危野生动物原则上不采用损伤性采样方式。

（5）采样人员对野生动物采样之后，要认真填写野外样本采集记录表（见附件2）。

野外样本采集记录表填写要求：

（1）动物种类：指需采集样本的野生动物名称，以学名为准。

（2）采样地点：指野外捕捉动物采样地点。

（3）地理坐标：为采样地点的具体经纬度数据。

（4）生境特征：按《全国陆生野生动物资源调查与监测技术规程》（修订版）执行。野生动物生境分为森林、灌丛、草原、荒漠、高山冻原、草甸、湿地、农田八大类型。

（5）样本类别：为尸体、血液、组织或脏器、分泌物、排泄物、渗出物、肠内容物、粪便或羽毛等。

（6）样本数量：即每一种样本类别的取样数量。

（7）样本编号：可参照以下格式进行，××（日）/××（月）/××（年）、发生异常地点、采样野生动物名称及编号（1、2、3）、样本类别（多份样本编号予以区别）。

（8）包装种类：样本的包装材质，如Eppendorf管、西林瓶、离心管、塑料袋等。

（9）野生动物来源情况：采样动物如为驯养繁殖的野生动物，应说明该种群的人工养殖时间、地点、饲料、饮水来源及其品质状况，饲养区周围有无野生动物或其他饲养动物，以及与家畜、家禽的接触情况。

（10）野生动物免疫情况：驯养野生动物自身以及与之密切接触动物的免疫情况，这些基本要素对疾病的流行病学诊断有重要价值。

（11）采样动物处理情况：如无损伤采样，放飞；损伤采样，尸体做无害化处理等。

（二）报检和样本处理

发现野生动物异常死亡时，应根据现场检查结果，报告当地动物防疫部门处理，或自行采样。将样本移交至检测单位时，应填写报检记录表（见附件3）。样本移交时应与样本接受单位办理移交手续。报检和移交标本后，应密切关注检查结果，及时上报归档。

报检记录表中的日期为报告当地动物防疫部门或办理样本移交手续的日期，现场检测结果为当地动物防疫部门现场诊断结论。

第八节 监测信息报告及处理

监测信息报告是指各监测站点将监测工作中发现的野生动物种群信息、行为异常和异常死亡情况、采样和疫情信息向上级报告的过程。监测信息的处理是指对监测站点的监测信息进行分类汇总，核实分析，得出信息处理结果或疫病的传播扩散趋势分析报告的过程。实行监测信息报告的目的是便于林业部门全面、准确、及时掌握辖区内野生动物疫源疫病发生动态和监测工作进展，为快速决策提供科学依据。

野生动物疫源疫病监测信息报告系统由监测总站、省（区、市）监测管理机构和各级监测站（国家级、省级和市县级监测站）以及各县级林业主管部门组成。

《监测规范》中规定监测信息报告制度有定期报告（日报、月报、年报）和突发（紧急）事件的快报。

一、术　语

（1）重大野生动物疫情：指野生动物突然发生重大疫病，且传播迅速，导致野生动物发病率或者死亡率高，给野生动物种群造成严重危害，或者可能对人民身体健康与生命安全造成危害的，具有重要经济社会影响和公共卫生意义。考虑到野生动物活动范围较大，疫情涉及的范围以县级行政区划叙述。

（2）野生动物异常死亡事件：指在某一地点，在特定时间内发生的野生动物异常死亡。

（3）野生动物生境：指野生动物赖以生存的环境条件。它由一定的地理空间（非生物环境）、植物和其他生物（生物环境）构成，其中由植物组成的植被是野生动物生境的主要因子，是地理空间条件的综合反映。野生动物的生境划分按照原林业部 1995 年制定的《全国陆生野生动物资源调查与监测技术规程》（修订版）的 8 种类型划分，即森林、灌丛、草原、荒漠、高山冻原、草甸、湿地、农田八大类型。

（4）小生境：指各种野生动物在大的生态环境中，选择最适合其生活的具体环境条件，这些条件构成了野生动物生活的小生境。它是某种野生动物取食、活动、做巢、隐蔽的具体地点，在调查中应给予充分重视。小生境应以一定的地物特征加以说明，例如林缘、林间空地、火烧迹地、采伐迹地、未成林造林地、林下、林冠、溪岸、沟边、湖岸、河岸、沟谷、阳坡、阴坡、山崖、峭壁、洞涵、村边、树丛、草丛、灌丛、水泡、沼地、田间地头、果园庭院、居民点等。

（5）地理坐标：指发现野生动物异常情况地点的经纬度数据，用 GPS 定位仪测定。

（6）种群：指由同种生物个体组成，分布在同一生态环境中能够自由交配繁殖的个体群，但又不是同种生物个体的简单相加。在自然界中，种群是物种存在、进化和表达种内关系的基本单位，是生物群落或生态系统的基本组成部分。

（7）种群特征：包括种群密度、年龄组成、性别比例、出生率和死亡率等。种群的核心特征是种群密度、出生率、死亡率、年龄组成和性别比例，它们直接或间接影响种群。

二、日报告制度

日报告制度是由监测总站根据监测工作需要，规定在重点地区、重要时段实行的每日定时向上报告制度。如候鸟迁徙、繁殖等集群活动的监测敏感时期，在受其影响的地区，或在当地或周边发生疫情或疫情可能影响的地区实施的日报告制度。

各监测站点将当日线路巡查和定点观察所获得的监测信息，按照日报表的监测要求(见附件4)，于当日定时向所在地的省级监测管理机构报告，省级监测管理机构统计汇总各监测站点的监测信息后，按规定时间向监测总站报告。监测总站根据各省级监测机构的日报信息统计汇总分析后，在规定时限内向国家林业局报告。

按照《监测规范》的规定，国家级监测站向省级监测管理机构报告的同时，还应向监测总站报告。

三、月报告制度

月报告制度是各监测站点将上个月路线巡查和定点观察所获得的野生动物异常情况的监测结果、疫病发生发展情况、应急处置情况进行汇总，在每月3日之前，按野生动物疫源疫病监测信息月报要求（见附件5)，向省级监测管理机构报告，省级监测管理机构汇总后于每月5日前，报告监测总站。监测总站对全国各省上报报告汇总分析，将结果于每月10日前报国家林业局。

四、年报告制度

年报告制度是各监测站点于每年1月5日前将上年全年工作总结、疫源疫病监测汇总年报表，向省级监测管理机构报告。省级监测管理机构于每年10月1日前将全年工作总结、疫源疫病监测汇总年报表、疫源疫病分析，上报监测总站。监测总站将各单位的监测总结和分析报告汇总后形成全国的监测工作总结和分析报告，于1月20日前报国家林业局。野生疫源疫病的年报表格式见附件6。

五、突发事件快报制度

突发事件快报制度是只要发现野生动物大量行为异常，或异常死亡，或确诊为疫情等情况时就实时立即报告的制度。

各监测站点发现野生动物大量行为异常或异常死亡时，必须立即组织2名或2名以上专业技术人员赶赴现场，进行流行病学现场调查和野外初步诊断，确认为疑似传染病疫情后，应立即向当地动物防疫部门报告，并在2小时内，将《监测信息快报》（见附件7)报送监测总站，同时抄报省级监测管理机构和当地林业主管部门，并按照《监测规范》的规定要求进行处理。省级监测管理机构在收到各监测站点报送的《监测信息快报》后，应在2小时内汇总报送监测总站，监测总站接到《监测信息快报》后，应在2小时内向国家林业局报告。

每例突发异常事件填报一份《监测信息快报》。

六、其他相关要求

监测信息报告中除报告野生动物种群和异常情况外，还应报告以下3方面的内容：

(1) 现场封锁有关情况。监测信息报告中应有对野生动物异常死亡的现场采取封锁的措施内容。

(2) 现场消毒和尸体处理。监测信息报告中还应说明现场消毒处理情况。

(3) 监测信息中还要有报检内容、受理单位和初步报检结果等。

如确诊为传染疫情，报检单位应在2小时内将情况向省级监测管理机构报告，同时，国家级监测站还应向监测总站报告。省级监测管理机构应在1小时内向监测总站报告，监测总站应在1小时内向国家林业局报告。

第九节　规章制度

为加强野生动物疫源疫病监测管理，使监测制度规范化、制度化，制定相关的规章制度十分必要。

一、责任制度

野生疫源疫病监测事关国家公共卫生安全、经济发展和生态安全的大局，已经成为林业部门法定日常性工作。建立健全责任制度，落实岗位职责是监测工作极为重要的工作内容。首先，要建立领导责任制，按照国家的要求，在政策、机构、人员、资金等方面予以大力支持。监测工作无小事，要树立大局观、全局观，不能有丝毫的麻痹和松懈。要本着对国家、对人民、对子孙后代负责的原则，按照国家要求，扎实组织开展监测工作，认真履行法定责任。其次，要在各级监测站和监测人员中建立责任制度，监测人员要按照《监测规范》的要求，根据所负责的监测区域、野生动物种类和生活习性，划定责任范围和重点监测区域，明确第一责任人，科学合理设置固定监测点和巡查线路，从机制上保障监测工作的有效性、针对性和准确性，做到勤监测、早发现、严控制，在第一时间发现，在第一现场控制，保证监测信息及时准确，保证对发生野生动物异常死亡的现场和尸体进行严格处理，保证疫情不扩散，严格落实岗位责任制，做好监测工作。

最后，要以人为本，制定个人防护规定，并严格执行。同时，定期组织监测人员开展体检，有条件的地区还应为监测人员办理医疗保险，保证监测工作的顺利开展。

二、工作制度

为了使野生动物疫源疫病监测、报告、应急处置等工作环节规范有序，应制定一系列制度，加以规范管理。首先，各级监测管理机构应根据《监测规范》精神，结合当地实际情况，制定本站点的《监测实施细则》，以规范当地的监测工作。其次，根据《监测规范》路线巡查和定点观察规定，制定具体的要求和制度，保证工作落实到实处。第三，制定监测值班和信息报告制度，明确责任，以保证监测信息及时准确上报。第四，为了应付突发重大野生动物疫情，应制定当地的应急预案，并报当地政府备案。同时，做好应急物资预备计划和方案。

三、管理制度

管理制度涉及布设监测站点、人员、资金、物资和档案等方面的管理。首先，制定监测站建设方案或规划，监测站点的合理布设和科学建设方案是开展监测工作的基础，有计划地减少监测盲区和加大监测设施设备的投入管理以及维护，是提高监测质量的保证。其次，制定监测员管理制度，监测人员要经过技术培训，并且要保证相对稳定。省级监测管理机构要做好监测人员备案管理。第三，加强监测资金管理，做到监测资金专款专用，不许挪用、占用。第四，制定仪器设备管理制度，仪器设备要建立登记账册，使用和维护要有记录，要有专人保管。

四、宣传通报制度

野生动物疫源疫病监测宣传是十分重要的工作，要按照“宣传科学，科学宣传”的要求，既要普及监测的有关知识，赢得社会群众的支持，又不能引起不必要的恐慌，需要制定宣传报道制度。野生动物疫情信息由国家林业局通报国家相关部门依法予以发布，其他任何单位和个人不得以任何方式公布陆生野生动物疫情。国家规定动物疫情由农业部发布，人的疫情由卫计委发布。

五、监督考核制度

随着野生动物疫源疫病监测工作的开展，需要制定有效的监督考核制度，确保各项工作按照法律法规、规章制度、规划方案和上级要求落到实处。一是通过监督考核，总结表扬先进，推广行之有效的监测技术和管理方法；二是通过监督考核，及早发现问题，把问题消灭在萌芽状态，杜绝各类不规范、不到位的行为；三是通过制定监督考核制度，使这项工作制度化、公开化，以促进监测工作健康发展。

第十节　疫病控制

疫病流行是由疫源、传播途径和易感动物 3 个因素相互联系造成的复杂过程，因此，采取适当的防疫措施来消除或切断这 3 个因素之间的相互联系，就可以使疫病不能继续传播。

一、疫病防控措施原则

（1）坚持预防为主的原则：由于疫病发生后可以在动物中迅速蔓延，有时甚至来不及采取相应措施，就已经造成大面积扩散，所以必须重视疫病“预防为主”的原则。同时，加强工作人员的业务素质和职业道德教育，使中国的野生动物疫病防疫体系沿着健康轨道发展，尽快与国际社会接轨。

（2）加强和完善法律法规建设：监测控制野生动物疫源疫病的工作关系到国家信誉和人民健康，国家和有关部门颁布了相关法律，这些法律在野生动物疫病监测实践中将会进一步得到补充、完善和改进。

（3）加强动物疫病的流行病学调查和监测：由于不同疫病在时间、地区及动物群中的分布特征不同，危害程度和影响流行的因素也有一定差异，因此要依据疫病特点制定防控措施。需要先在该地区开展流行病学的调查和研究，在此基础上才能制定出科学有效的防控措施。

(4) 突出不同疫病防控工作的主导环节：由于疫病的发生和流行都离不开疫源、传播途径和易感动物群的同时存在及其相互联系，因此任何疫病的控制或消灭，都需要针对这3个基本环节及其影响因素，采取综合性防控技术和方法。但在实施和执行综合性措施时，必须考虑不同疫病的特点，以及不同时期、不同地点和动物群的具体情况，突出主要因素和主导措施。

二、预防疫病发生的综合措施

在采取防疫措施时，必须采取“养、防、检、治”4个基本环节的综合性措施，可以分为平时预防措施和发生疫病的扑灭措施。

(一) 日常预防措施

(1) 对于人工饲养的野生动物，应加强饲养管理，搞好卫生消毒工作，增强动物机体的抗病能力。贯彻自繁自养的原则，减少疫病传播。拟定和执行定期预防接种和补种计划，定期杀虫灭鼠，进行粪便无害化处理。

(2) 认真贯彻执行国境检疫、交通检疫、市场检疫各项工作，以便及时发现并消灭疫源。

(3) 相关机构应调查研究当地疫情分布，组织相邻地区对动物疫病进行联防协作，有计划地进行消灭控制，并防止外来疫病的侵入。

(二) 应急处置措施

(1) 及时发现、诊断和上报疫情，并通知相关单位做好预防工作。

(2) 迅速隔离发病动物，污染的地方进行紧急消毒。若发现危害性大的疫病，如口蹄疫、炭疽等，应采取封锁现场等综合性措施。

(3) 以疫苗实行紧急接种，对发病动物及时进行合理的治疗。

(4) 对病死动物的合理处理。

疫病预防就是采取各种措施，将疫病排除于一个未受感染的动物群之外，包括采取检疫、隔离等措施，目的就是不让疫源进入目前尚未发现该病的地区。采取集体免疫、集体药物预防，以及改善饲养管理和加强环境保护等措施，保障一定的动物群体不受已存在于该地区的疫病传染。疫病的防控就是采取各种措施，减少和消除疫病的病源，降低已出现于动物群体中的疫病发病数和死亡数，并把疫病限制在局部范围内。

疫病的消灭则意味着一定种类的病原体的消灭。要从全球范围消灭一种疫病很不容易，至今很少取得成功，但在一定的地区范围消灭某些疫病是可行的，只要认真采用一系列综合性防治措施，例如查明疫源、隔离检疫、群体免疫、群体治疗、环境消毒、控制传播媒介、控制带菌者等，经过长期不懈努力是可以实现的。

三、检疫隔离封锁

(1) 检疫：用各种诊断方法对动物进行疫病检查，称为检疫。检疫可以分为口岸检疫、运输检疫、市场检疫、产地检疫、生产检疫等。无论哪种检疫，目的都是要检出疫源，并对其控制或清除。检疫方法包括临床观察、病理学检验、微生物学检验、血清学检验、分子生物学检验等。

（2）隔离：是将患病动物或可疑感染动物隔绝分离，控制或清除疫源，防止病原体扩散和疫病蔓延。当患病动物数量少时，可将其移走单独饲养，实现隔离；当健康动物少时，则隔离健康动物。隔离后应及时采取消毒、治疗、免疫接种等相应措施，以控制或扑灭疫情。

（3）封锁：当发生烈性疫病，如炭疽、口蹄疫时，需要对疫区进行封锁。封锁是最严厉的防疫措施，带有行政强制性，需由相应级别的政府批准实施。封锁后对被封锁区有严格的要求和具体的封锁措施，例如，禁止被封锁区内的人员、动物及其产品向外流动；严格隔离、消毒、紧急免疫接种，治疗或捕杀患病动物；划定疫区范围，被封锁区出入路口设置哨卡以及消毒设施等。解除封锁的时间是在最后一个病例死亡或治愈后，经过该病最长潜伏期，再无新发病例产生时，同时还需经过彻底消毒，并报原批准部门同意。

四、消　毒

这里的消毒是指对外界环境消毒，目的是杀灭环境中的病原体，切断传播途径，防止或阻止疫病的发生和蔓延，是极其重要的防疫措施，必须给予高度重视。

（一）消毒的种类

根据消毒的目的可分为 3 种情况：一是预防性消毒，即在平时未发生疫病的情况下所进行的定期消毒；二是临时性消毒，即在发生疫病时对疫区进行的紧急消毒；三是终末消毒，即在疫病流行过后或疫源被彻底清除后进行的全面大消毒。

（二）消毒的对象

平时消毒的对象主要是用具、人员、车辆、场站出入口、动物体表等。临床消毒除了上述对象外，还重点包括患病动物的排泄物、分泌物以及被污染的其他对象。临时消毒的要求是每天消毒 1~2 次，连续数天。终末消毒的对象则包括上述消毒的全部对象。

（三）常用消毒方法及消毒剂

（1）喷洒消毒：适用于圈舍、地面、墙壁、动物体表、笼具、工具等，使用化学消毒剂如过氧乙酸、卫康 THN、菌毒敌、抗毒威、百毒杀等。其中过氧乙酸为 40%水溶液，性质不稳定，且在 700℃上时容易爆炸，应密封、避光、低温保存，使用时配成 0. 5%的水溶液。

（2）熏蒸消毒：适用于室内空间及物品消毒，消毒剂为甲醛或高锰酸钾。消毒时房间应密封，1m^3 空间用甲醛 25ml，高锰酸钾 25g，水 12. 5ml，先将水与甲醛混合后倒入搪瓷杯或玻璃容器，然后把高锰酸钾加入容器内，用木棍搅拌数秒，看见有浅蓝色气体发生时，操作人员立即离开，密封熏蒸 24 小时后打开门窗通风。

（3）火焰消毒：使用专门的火焰发生器对墙壁、水泥屋顶、地面、金属笼具、耐火材料制作的物品进行消毒，通常使用喷灯和酒精灯消毒，大型物体使用喷灯消毒，小的物体使用酒精灯消毒。

（4）其他消毒方法：粪便、垃圾可以采用堆积发热的方法消毒，场所出入口可以用

2%的氢氧化钠水溶液消毒，生饮水可以用漂白粉消毒。紫外线灯可用于室内空气、墙壁、物品及人员体表的消毒，但紫外线灯对人体，特别是眼睛有伤害，应避免长时间照射或直射眼睛。

第十一节 人员安全防护

一、安全防护的重要性

现代医学所认知的1000多种人类传染性疾病中，有80%为人兽共患疾病，其中62%的疾病源于动物，尤其是野生动物。如1973年以来全球相继出现的SARS、艾滋病、狂犬病、禽流感、鼠疫、炭疽、甲肝等约40种新发或再发传染病均与野生动物有关。据《自然》杂志2008年第2期的报告，大约有60.3%的新发传染病是由动物源性病原体引起的，而其中71.8%的动物源性新发传染病是由野生动物源性病原体引起的。野生动物种类繁多，分布广泛，在生态系统中充当着非常重要的角色，是许多寄生生物的寄主，因此也就成为许多人兽共患病病原的携带者，它们储存携带或传播一些重要的人和动物疫病，对人类健康和动物保护构成极大威胁。从事野生动物疫源疫病监测人员、从事野生动物保护研究人员以及普通群众在与野生动物接触时，应了解、掌握必要的防护常识。接触野生动物，从事野生动物疫源疫病监测，一定要有安全防护意识，严格按照有关规定，采取防护措施，这对保护人类安全和动物安全都十分必要。

二、安全防护原则

安全防护的首要目的是保护人类自身安全。直接接触野生动物和间接接触野生动物的人员，均应提高自我防范意识，积极采取有效的防护手段和措施，避免疫病的传播和扩散，保护自身安全。

从事野外监测的工作人员与野生动物接触机会较多，接触过程中，可能会有意无意成为一些疫病的传播者或受害者，自我防护尤其重要。自2003年禽流感暴发后，中国政府高度重视，采取了一系列防控措施，实践证明是行之有效的，可供野外监测人员参考采用。

人身安全是开展野生动物疫源疫病监测工作的重要前提，特别是在处理突发疫情过程中，按要求进行个人防护是保证人身安全和避免疫情扩散的必要措施。同时，只要按照规定做好安全防护工作，才能确保疫源疫病不会因操作不当，导致疫情发生扩散。

三、接触染病动物人员的防护要求

在处理野生动物疫源疫病过程中，凡是饲养、采样、捕杀野生动物，需要接触野生动物的人均需进行安全防护。

（一）采样前准备

（1）采样前应熟悉采样环境和气候条件，设计好采样方案，对可能出现的意外做好预案。

（2）采样前应对采样环境中栖息有哪些具有危险性的野生动物有所了解，配备防范动物伤害的防护工具，并采取相应的保护措施，做好安全保卫工作。

(3) 如果染病的野生动物尚未死亡，应根据野生动物种类确定适当的保定措施。

(二) 采样人员

应按规定穿戴防护服，戴手套，用器械采样，严禁徒手操作。

(三) 相关工作人员的健康监测

(1) 从事野生动物疫源疫病监测采样工作的人员，应按规定接受血清学检测。

(2) 所有接触怀疑为高致病性病原微生物感染动物的人员及其家人，均应接受卫生部门监测。

(3) 免疫功能低下、60 岁以上、有慢性心脏疾病和肺脏疾病的人以及孕妇，应避免从事与野生动物疫源疫病监测检验的相关工作。

四、赴疫区调查人员防护要求

(1) 要戴口罩，口罩不得交叉使用，用过的口罩不能随意丢弃。

(2) 必须按规定穿戴防护服。

(3) 进入疫区污染区要穿胶鞋，使用后胶鞋要清洗消毒。

(4) 脱掉个人防护装备后，按规定用消毒液洗手。

(5) 若条件允许，在离开有染病动物污染的场所后，应当沐浴。

(6) 废弃物要装入塑料袋内，置于指定地点，统一处理。

五、防护用品技术要求及穿脱顺序

(一) 防护用品

(1) 防护服：一次性使用的防护服应符合《医用一次性防护服技术要求》(GB19082-2003)。

(2) 防护口罩：应符合《医用防护口罩技术要求》(GB19083-2003)。

(3) 防护眼镜：视野宽阔，透明度好，有较好的防溅密封性能，使用弹力带佩戴。

(4) 手套：使用一次性医用乳胶或橡胶手套。

(5) 鞋套：应选用结实防水防污染的鞋套。

(6) 长筒胶鞋。

(7) 医用工作服。

(8) 医用工作帽。

(二) 防护用品穿脱顺序

1. 穿戴防护用品顺序

(1) 戴口罩：一手托着口罩，扣于面部适当部位，另一手将口罩戴在合适部位，压紧鼻甲，紧贴于鼻梁处。在此过程中，双手不要接触面部任何部位。

(2) 戴帽子：戴帽子时注意双手不要接触面部。

(3) 穿防护服。

(4) 戴防护镜：戴防护眼镜时注意双手不要接触面部。

(5) 穿上鞋套或胶鞋。

（6）戴手套：戴手套时注意手套要套在防护服袖口外面。

2. *脱掉防护用品顺序*

（1）摘下防护镜，放入消毒液中。

（2）脱掉防护服，将内面朝外，放入黄色塑料袋中。

（3）摘掉手套：一次性手套应将内面朝外，放入黄色塑料袋中，橡胶手套放入消毒液中。

（4）摘掉防护帽：将手指反伸进帽子中，将帽子轻轻摘下，内面朝外，放入黄色塑料袋中。

（5）脱下鞋套或胶鞋：将鞋套内面朝外，放入黄色塑料袋中，胶鞋放入消毒液中。

（6）摘口罩：一手按住口罩，一手将口罩摘下，放入黄色塑料袋中，注意双手不要接触面部。

六、对手清洗和消毒的方法

（一）对洗手的要求

（1）接触染病动物前后。

（2）接触血液、体液、排泄物、分泌物和被污染的物品后。

（3）穿戴防护用品前，脱掉防护用品后。

（4）戴手套之前，摘掉手套之后。

洗手按标准洗手方法，具体方式见本章图版所示。

（二）对手消毒的要求

（1）接触每例染病动物之后。

（2）接触血液、体液、排泄物和分泌物之后。

（3）脱掉防护用品之后。

（4）接触被染病动物污染的物品之后。

（三）手消毒方法

手消毒可用0.3%～0.5%的碘伏消毒液快速对手进行消毒。其他常用的消毒液有异丙醇类、洗必泰—醇、新洁尔灭—醇、75%酒精等消毒液，用消毒液揉搓双手，让消毒液作用1～3分钟。

第十二节　实验室安全

开展相关工作的实验室应满足中华人民共和国国家标准《实验室生物安全要求》（GB19489-2004）的各项条件。

一、实验室要求和设施

实验室设计和建造应满足中华人民共和国卫生行业标准（WS233-2002）规定的生物安全防护二级实验室的基本要求，包括如下各种设施：

（1）应设置各种消毒装置，如高压灭菌锅、化学消毒装置，能对废弃物进行处理。

（2）应设置洗眼装置。

（3）实验室门应带锁，可以自动关闭。

（4）实验室出口应有发光指示标志。

（5）实验室应有通风换气设备，每小时进行4~5次通风换气。

二、实验室标志要求

参与进行野生动物疫源疫病分离的实验室，入口处须贴上生物危险标志，内部显著位置必须贴上有关的生物危险信息、负责人姓名和联系电话号码。

三、工作人员防护要求

工作人员在实验室应穿上工作服，戴防护镜，若手有皮肤破损者应戴手套。

四、防护服穿戴规定

进入实验室必须穿工作服，离开实验室前，工作服必须脱下留在实验室内，不得穿戴外出，更不能携带回家。用过的工作服应先在实验室中消毒，然后统一洗涤或丢弃。

五、处理样品规定

处理可能含有病原微生物样品时，应在二级生物安全柜中或其他物理抑制设备中进行，并使用个体防护设备。

六、使用手套要求

当手可能接触感染材料，污染表面或设备时应戴手套，不得戴着手套离开实验室，工作完全结束后方可除去手套。一次性手套不得清洗和再次使用。

七、人员进入实验室规定

禁止非工作人员进入实验室。参观实验室等特殊情况须经实验室负责人批准，并按规定穿戴防护用品方可参观。

八、消毒规定

每天至少对工作台面进行一次消毒，活性物质溅出后要随时消毒。

九、污染物处理规定

所有可疑污染物在运出实验室之前必须灭菌，运出实验室的灭菌物品必须放在专用密闭容器内。

十、工作人员暴露规定

工作人员暴露于已明确的感染性病原时，要及时向实验室负责人汇报，记录事故经过及处理方案和处理过程。

十一、禁止携带动物规定

严禁将宠物和与疫源疫病监测无关的野生动物带入实验室。

十二、实验室升级规定

对于已确认的高致病性病原微生物的进一步有关实验活动，需转入生物安全防护三级或四级实验室进行。

第十三节　禽流感职业暴露人员安全防护

一、防护用品

防护服、防护口罩、防护眼镜、手套、鞋套、胶鞋等防护用品的技术要求见前述。

二、防护用品穿脱顺序

见前述。

三、分级防护原则

各级医务人员、疾病预防控制机构及其他有关人员在医院、疫区进行禽流感监测取样和防治控制工作时，应遵循分级防护原则。

（一）一级防护

适用范围：一是对禽流感疑似或确诊病例密切接触者，以及病死禽的密切接触医学观察和流行病学调查的人员；二是对疫区周围3km范围内（疫点除外）的家禽进行捕杀和无害化处理，以及对禽舍和其他场所进行预防性消毒的人员。

防护要求：戴16层棉纱口罩（使用4小时后消毒更换），穿工作服，戴工作帽和乳胶手套。对疫病点周围3km范围内的家禽宰杀和无害化处理，进行预防性消毒的人员还应戴防护眼镜，穿长筒胶鞋，戴橡胶手套。每次实施防治处理后，应立即进行手清洗和消毒。

（二）二级防护

适用范围：进入医院污染区的人员，采集疑似病例、确诊病例咽拭子样品的人员，处理其分泌物、排泄物的人员，处理病人使用过的物品和死亡病人尸体的人员，以及转运病人的医务人员和司机，对禽流感疑似病例或确诊病例进行流行病学调查的人员，在疫区内对禽流感染疫动物进行标本采集、捕杀和无害化处理以及进行终末消毒人员。

防护要求：穿普通工作服，戴工作帽，外罩一层防护服，戴防护眼镜和防护口罩（离开污染区后更换），戴乳胶手套，穿鞋套。进行家禽宰杀处理时，应戴橡胶手套，穿长筒胶鞋。每次实施防治处理后应立即进行手清洗和消毒，方法同一级防护。

（三）三级防护

适用范围：确定禽流感可由人传染人时，对病人实施近距离操作，例如进行病人气管插管、气管切开的医务人员。

除按二级防护要求外，将口罩、防护眼镜换为全面罩型呼吸防护器（符合 N95 或 FFP2 级标准的滤料）。

四、手清洗和消毒的要求与方法

接触确诊禽流感或疑似禽流感病人前后，接触血液、体液、排泄物、分泌物和被污染物品后，进入和离开隔离病房穿戴防护用品前，脱掉防护用品后，对同一病人从污染操作转为清洁操作之间，戴手套之前，摘手套之后。具体洗手方法见前述。

五、预防和控制禽流感的主要环节

（一）消除传染源

（1）早发现：早发现禽流感病毒和病人。

（2）早报告：及早向卫生防疫部门报告禽流感和病人。

（3）早隔离：病人至少要隔离至退热后两天，病禽要封闭或封锁。

（4）早治疗：要早治疗病人，早杀灭病禽。对病人要进行综合性有效治疗，在病鸡场周围 3km 范围内的病禽要就地杀灭深埋。

（二）切断传播途径

（1）戴口罩：禽流感病人、接触者（医护人员和饲养人员）必须戴口罩。

（2）换气：病房、饲养场、居室加强通风换气。

（3）远离易感场所：少去或不去人群密集场所和养鸡场，非去不可，应戴着口罩去。

（4）消毒：病房和养鸡场空气消毒（按空气消毒规定执行）；病人和病禽的分泌物与排泄物消毒（按消毒规定执行）；被病毒污染的物体表面消毒（按消毒规定执行）。以上消毒方法与消毒剂基本与“非典”的消毒相同。禽流感病毒对高温、紫外线和常用消毒剂敏感。

（5）减少易感人群和高危人群：60 岁以上老人、儿童、小学生、免疫力低下者、慢性病患者是流感病毒的高发人群，对这些人要注意御寒，加强户外锻炼，增强抵抗力，接种流感疫苗。

（三）预防禽流感的有效措施

人与禽接种流感疫苗是预防人流感和禽流感最有效的根本措施，易感人群和高危人群应在流感发生前 1 个月接种流感疫苗。中国多用裂解流感疫苗。出现禽流感的养鸡场，其周围 5km 范围内的鸡，必须强制性接种流感疫苗。目前，给鸡接种的是 H5 禽流感疫苗。现有针对家禽禽流感的疫苗，实验室保护率可达到 100%。

人禽流感疫苗研制成功上市后，主要在屠宰和销售禽类等高危特殊人群中接种，没有必要广泛普遍接种。

在加强自我防护的基础上，野外监测人员在监测过程中，一旦发现野生动物异常死亡等情况，应按规定及时上报，并同时做好死亡动物报检、现场消毒、封锁隔离和尸体无害化处理等工作，有效预防潜在疫病的扩散或蔓延。对发现的野生动物异常动态等监测信息瞒报、缓报、谎报、不报等行为，或因前期封控措施不到位造成疫病扩散蔓延的，一经查实，按相关规定给予严肃处理。

第十四节　公众自我防护

不从事野生动物监测的普通公众也有接触野生动物的机会和可能，应当加强自我防护意识。遇到被野生动物攻击受伤、猎捕野生动物或食用野生动物、接触野生动物时，必须采取必要的防护措施进行自我保护，防范疫病的发生和流行。

一、不去疫区旅游

普通公众应避免前去疫病暴发的地区旅游，远离可能引起或传播疫病的病原。

二、避免接触和宰杀野生鸟兽

远离有可能携带病原的动物分泌物，饲喂家禽，观赏鸟、鸽子、猫、狗等动物的人要经常洗手，避免直接接触和宰杀野生动物。

三、禽类食品要煮熟煮透后食用

在预防禽流感时期，强调禽类产品加工时要生熟分开，将产品煮熟煮透。不要生吃禽肉、蛋和半生不熟的肉与蛋。加工用具、面板及操作人员的手都要用洗涤灵彻底清洗消毒。对储藏禽类产品的冰箱、冰柜要经常用清水或带消毒液的毛巾清洗消毒。饲养人员、屠宰人员、兽医防疫员和检疫人员在工作中应穿防护服、戴口罩。饲喂禽类、屠宰禽类和检疫禽类前后要用肥皂洗手。

四、严格管理野味餐厅

禁止直接猎杀运输和加工野生动物用于餐饮业。宠物身上也潜伏很多危险的疾病传染源，稍不小心就会殃及宠物主人，有潜在危害性。

五、重视疾病预防

疫苗接种是预防疾病的有效手段，禽流感暴发期间，专家建议对饲养的鸽子、鹦鹉等鸟类进行免疫，并经常消毒笼舍。人的免疫预防也十分重要，应积极主动接种相关疫苗，提早做好疾病防控。

六、加强全民防范意识

任何人一旦发现生病或死亡动物，要立即向当地动物防疫部门报告，并协助送到相关实验室进行确诊。不明原因死亡的动物的肉不得食用。已知因疫病死亡的动物，如因禽流感病死亡的家禽野鸟，要销毁处理，严防疫病蔓延。

第十五节　野生动物样本采集

一、样本采集原则

（1）采集最适样本：理想的病毒性疾病样本，应是无菌采取的含病毒量最高的血液、器官组织、分泌物或排泄物，因此需要根据监测疫病的病理特性采集合适的样本。如果无法分析判断是何种疾病时，应根据临床症状和病理变化采集样本，或者全面采集样本。采集样本时应注意病毒感染所致疾病的类型，注意观察是哪些系统受到感染，是呼吸道感染疾病，还是消化道感染疾病、皮肤和黏膜性疾病、败血性疾病等，同时注意病毒侵入部位、病毒感染的靶器官。

（2）适时采集：采集病理标本的时间一般要在疾病流行早期、典型病理的急性期，此时病毒检出率高。后期由于动物体内免疫力的产生，病毒成熟释放减少，检测病毒比较困难，同时可能出现交叉感染，增加判断的困难性。在采集供抗体测定用血清标本时，可以适时地采集急性期和恢复期的2份血清样本，一般2份血清样本采集的间隔时间为14~21天。动物死后要立即取材，夏天最迟不能超过4~6小时，冬天不超过24小时。准备用来做病理切片的样品采集后必须立即投入固定液。若不及时固定，会因时间过长，细菌病毒和组织细胞死亡溶解，影响检视结果。

（3）无菌操作：采集样本所用的器械及容器要进行严格的消毒，样本采集整个过程都应该无菌操作，尽量避免杂菌污染。

（4）解剖前检查：若有突然死亡或病因不明的野生动物尸体，必须先取末梢血制成涂片进行镜检，疑似炭疽病时不得进行解剖。如需要剖检并获取样本时，应经上级主管部门同意，选择合适场地，做好严格防范措施，解剖后进行严格消毒和无害化处理。

（5）采集陆生野生动物病理样品需要报批获得许可：对于国家级和省级重点保护野生动物，紧急情况下实行死亡动物采样和报批同步进行。正常情况下，先按规定程序报批，获得主管部门行政许可后，依据管理规定确定采样方式和采样强度。对于非重点保护的野生动物，采样强度可以根据野生动物种群大小，结合疫源疫病调查需要确定。

二、样本采集方法

根据监测取样的需要，针对不同野生动物的特点，应采用不同的方法捕捉野生动物取样。为了保证相关人员和野生动物安全，野生动物捕捉应由有动物知识的专业人员负责实施。

（一）样品采集常用器械

（1）解剖盘：用于盛放采样所需的器械、样品管或塑料袋。

（2）手术刀：手术刀柄和手术刀片医药器械商店有售，根据需要购买，常用的为4号手术刀片。手术刀主要用于切开皮肤或体腔，或切除某个部位的肌肉或组织。

（3）剪刀：剪刀有手术剪、眼科剪、骨剪等不同类型。手术剪用来剪去组织和肌肉样品；眼科剪比手术剪更加精巧细致，可以对特殊部位进行组织肌肉取样；骨剪主要用来剪断小型动物的骨骼。

（4）止血钳：主要用途是夹住血管止血，进行动物样品取样时，可以将止血钳当作镊子来用。

（5）敷料镊：有各种型号，用来夹取绷带、药物。在野生动物疫源疫病监测取样中的作用是配合手术刀或手术剪进行组织、器官或肌肉样品的取样。

（二）样本的采集强度

病原检测样本必须采集2~5个野生动物个体的样本，珍稀濒危重点保护动物不低于2个个体的样本，非重点保护野生动物的血清学样本不低于30个有效样本，而且必须保证每个样本有1个复制品。

三、陆生野生动物样本采集

陆生野生动物疫源疫病监测样本有如下几种采集方式：

（1）活体动物的非损伤性采样：这类采样对野生动物没有任何损伤，例如拭子采样、粪便采样、血液采样。

（2）活体野生动物和尸检野生动物损伤性采样：这类采样对动物造成损伤，例如对动物的脾、肺、肝、肾、脑等组织样品进行采集。国家重点保护野生动物、珍贵濒危野生动物原则上不使用损伤性采样技术采样。

野生动物被采样后，根据情况及时将其放归自然生境或进行救护，所用物品、器械应严格消毒。死亡野生动物进行消毒和无害化处理。按规定填写野外采样记录表。

陆生野生动物疫源疫病监测样本采集种类，依据监测疫病的种类可采集血液、组织、脏器、分泌物、排泄物、渗出物、肠内容物、粪便或羽毛等。

（1）血液样本采集：血液样本应无菌采血。体形较大的有蹄类动物少量血样可以从耳背静脉采血，犬科、鼬科、猫科、灵猫科、鼯鼠科动物少量采血可以通过耳壳外侧静脉采取，灵长类动物可在肘部的前臂静脉或腿部的隐静脉采血，鼠类可以通过尾尖、耳背静脉、眼窝内血管采血，兔子可以从耳背静脉、颈静脉、心脏等处采血，鸟类可以从肘关节附近的翅静脉、跖部内静脉或心脏采血。如果样品规定需要全血，则应在样品中加入抗凝素。如果只需要血清，将血液放入37℃恒温箱1小时后，置于40℃冰箱3~4小时，待血液凝固，经3000rpm离心机离心15分钟后吸取血清。

（2）内脏组织：内脏组织应在尸体解剖后立即取出。应先用在火中烧红的金属器具烧烙表面或用酒精火焰消毒，取深部小块组织，放入无菌器皿内。要尽可能采集有病变及病变交界处部位。

（3）液体材料：一般用灭菌棉拭子采集破溃的脓汁、胸腔积水、鼻液、阴道分泌物和排泄物。未破的脓肿、胸腔积液在皮肤表面消毒后，用无菌注射器抽取。

（4）拭子样本：用棉拭子蘸取分泌物或排泄物后，将样本端剪下，置于盛有含pH7.0~7.4的样本保存溶液的冰盒容器中，是否需要应用抗生素、使用何种抗生素以及抗生素的浓度视具体情况决定。

（5）胃肠及内容物：将胃肠剪下，两端扎紧，送往实验室。粪便可以用棉拭子采集，放入装有生理盐水或 PBS 的试管内。

（6）非病毒性疫病样本：采集这类样品时必须无菌操作，不能使用抗生素。

（7）现场培养采样：有条件做现场培养时，剖开尸体后应进行接种培养，然后采样，最后剖检。若要分离厌氧菌，采取病理材料时，应尽量避免接触空气。

第十六节　样本送检和表格填写

一、样本包装

（1）送检样本容器必须密封，容器外贴封条，封条有贴封人或贴封单位签字盖章，并注明贴封日期。

（2）包装材料应防水、防破损、防渗漏。

（3）如果样本中可能含有高致病性病原微生物，包装材料上应印有国务院卫生主管部门或兽医主管部门规定的生物危险标识、警告用语或提示用语。

二、样本运输

（1）样本应置于保温容器内，在特定的温度下运输。

（2）病毒分离样本，4 小时内能送到实验室的样本，可用冰袋冷藏运输。4 小时内不能送到实验室的病毒样本，应先将样本置于-20℃以下作冻结处理。在-70℃冻结 30 分钟，然后再在保温容器中加冰袋运输。经冻结处理的样本，必须在 24 小时内送到相关实验室。

（3）血清样本要单独存放，24 小时能送到实验室的，在保温容器内加固体冰冷藏运输。24 小时内不能送到实验室的，要先冷冻后，再在保温容器内加大量冰袋运输，途中不能超过 48 小时。

（4）高致病性病原微生物感染的野生动物样本，其运输要按照《病原微生物实验室生物安全管理条例》中的规定执行。

三、样本送检

除国家指定由国家参考实验室进行检测的疫病外，其他样本送国家林业局指定的实验室或当地防疫机构进行检测。疑似高致病性病原微生物感染的样本，需送到具有从事高致病性病原微生物实验活动资格的实验室。送检单位应按规定与样本接收单位办理移交手续，并关注检测实验结果，及时上报，做好资料归档工作。

四、表格填写

发现野生动物疫源疫病或动物有异常情况时，启动监测取样送检程序的同时，要按照规定填写相关表格，填写表格时注意使用碳素笔填写，不要使用圆珠笔或铅笔填写，这两种笔写出的字时间长了容易模糊或变色。填写表格时注意字迹工整端正，不得潦草书写。

本章参考文献

[1] 耿大立．美国和加拿大高致病性禽流感防控经验及启示［J］．中国动物检疫，2008，25（4）：38-39.

[2] 卫生部公报，2009 年卫生部公布 2009 年 1 月及 2008 年度全国法定报告传染病疫情［EB/OL］http：//www. moh. gov. cn/publicfiles/business/htmfiles/mohbgt/s9505/200902/39079 htm.

[3] 张劲硕，梁冰，张树义．浅议野生动物与人类共患疾病［J］．动物学杂志，2003，38（4）：123-127.

附件 1：

野生动物疫病野外监测记录表

监测人：　　　　　　　　　　　　　　　　　　　　　　监测日期：　　　年　　　月　　　日

<table>
<tr><td>监测站点</td><td colspan="9"></td></tr>
<tr><td>监测区域</td><td colspan="5"></td><td>地理坐标</td><td colspan="3"></td></tr>
<tr><td>生境特征</td><td colspan="9"></td></tr>
<tr><td rowspan="3">种类</td><td rowspan="3">种群数量</td><td rowspan="3">种群特征</td><td colspan="7">异常情况记录</td></tr>
<tr><td colspan="3">症状和数量</td><td rowspan="2">现场初步检查结论</td><td rowspan="2">是否取样</td><td rowspan="2">现场处理情况</td><td rowspan="2">异常动物处理</td></tr>
<tr><td>症状</td><td>死亡数量</td><td>其他异常数量</td></tr>
<tr><td></td><td></td><td></td><td></td><td></td><td></td><td></td><td></td><td></td><td></td></tr>
<tr><td></td><td></td><td></td><td></td><td></td><td></td><td></td><td></td><td></td><td></td></tr>
<tr><td></td><td></td><td></td><td></td><td></td><td></td><td></td><td></td><td></td><td></td></tr>
<tr><td></td><td></td><td></td><td></td><td></td><td></td><td></td><td></td><td></td><td></td></tr>
<tr><td></td><td></td><td></td><td></td><td></td><td></td><td></td><td></td><td></td><td></td></tr>
<tr><td></td><td></td><td></td><td></td><td></td><td></td><td></td><td></td><td></td><td></td></tr>
<tr><td></td><td></td><td></td><td></td><td></td><td></td><td></td><td></td><td></td><td></td></tr>
<tr><td></td><td></td><td></td><td></td><td></td><td></td><td></td><td></td><td></td><td></td></tr>
<tr><td>备注</td><td colspan="9"></td></tr>
</table>

负责人：

填表说明：

1. 在监测区域内所有监测到的野生动物情况都应填入该表。
2. 生境特征：按《全国陆生野生动物资源调查与监测技术规程》（修订版）执行。
3. 种群特征：指种群是否为迁徙以及年龄垂直结构。
4. 异常动物处理情况：对初步检查发现异常的野生动物进行掩埋、焚烧等处理措施。
5. 现场处理情况：是否采取消毒、隔离等现场处理措施。

附件 2：

野生动物样本采集记录表

编号：　　　　　　　　　　　　　　　　　　年　　月　　日－　　年　　月　　日

<table>
<tr><td>动物种类</td><td colspan="2"></td><td>采样地点</td><td></td><td>地理坐标</td><td colspan="2"></td></tr>
<tr><td>生境特征</td><td colspan="3"></td><td>迁徙/非迁徙</td><td colspan="3"></td></tr>
<tr><td>样本类别</td><td></td><td></td><td></td><td></td><td></td><td></td><td></td></tr>
<tr><td>样本数量</td><td></td><td></td><td></td><td></td><td></td><td></td><td></td></tr>
<tr><td>样本编号</td><td></td><td></td><td></td><td></td><td></td><td></td><td></td></tr>
<tr><td>包装种类</td><td></td><td></td><td></td><td></td><td></td><td></td><td></td></tr>
<tr><td rowspan="2">野生动物来源情况</td><td>抓捕时间</td><td>抓捕地点</td><td>人工养殖时间</td><td>人工养殖地点</td><td>饲料饮水来源</td><td>养殖区附近其他动物</td><td>有无与家畜接触史</td></tr>
<tr><td></td><td></td><td></td><td></td><td></td><td></td><td></td></tr>
<tr><td>野生动物免疫情况</td><td colspan="2">有无接种过疫苗，接种疫苗类型、时间、剂量</td><td colspan="5"></td></tr>
<tr><td>与之接触的其他动物的免疫情况</td><td colspan="2"></td><td colspan="5"></td></tr>
<tr><td>采样动物处理情况</td><td colspan="2"></td><td colspan="5"></td></tr>
<tr><td colspan="4">填表人：</td><td colspan="4">负责人：</td></tr>
</table>

填表说明：

1. 样本数量：即取样动物的数量。
2. 样本类别：为血液、组织或脏器、分泌物、排泄物、渗出物、肠内容物、粪便或羽毛等。
3. 包装种类：样本的包装材质，如 Eppendorf 管、西林瓶、离心管、塑料袋等。

附件3：

报检记录表

监测站点				日期	
异常地点				地理坐标	
野生动物名称	采集动物数	样本种类	样本数	样本编号	包装种类
异常动物/样本接收单位			接收人签字		
现场检测结果					
备注					

填表说明：

1. 样本种类：为尸体、血液、组织或脏器、分泌物、排泄物、渗出物、肠内容物、粪便或羽毛等。
2. 包装种类：样本的包装材质，如Eppendorf管、西林瓶、离心管、塑料袋等。

附件 4：

野生动物疫源疫病监测日报表

编号：

填报单位：

填报日期：　　　年　　月　　日

监测地点	地理坐标	生境描述	监测物种			异常数量		异常情况描述和初检查结论	动物防疫现场检测		现场处理情况	异常动物处理情况	监测人
			种类	种群特征	种群数量	死亡	其他		单位名称	结论			

填表人：　　　　　　　　　　　　负责人：

填表说明：

1. 监测地点：在日常巡查或定点观测中，野生动物集中地或发现异常情况地。要准确、详细填写。

2. 种类：要准确填写。

3. 异常数量：死亡和其他的数量。

4. 地理坐标：监测地点的 GPS 记录数据。

附件 5：

野生动物疫源疫病监测信息（　　）月报表

编号：

填报单位：

填报日期：　　　年　　月　　日

发现日期	疫病名称或不明原因	监测站点	发生地	地理坐标	染病野生动物				异常动物处理	现场处理	控制效果	样本情况	确诊机构	监测人
					种类	种群数量	染病数	死亡数						
合计														

填表人：　　　　　　　　　　　　负责人：

填表说明：

1. 月表为上月监测数据。
2. 发生地：以乡（镇）林场为单位。
3. 备注：有无扩散感染至人或畜禽等其他需说明的情况。

附件6：

野生动物疫源疫病监测信息（　　）年报表

填报单位：

填报日期：　　　年　　月　　日

项目 疫病名称	发生起数	发生时间	发生地	野生动物				异常动物和现场处理情况	控制效果	确诊机构	备注
				名称	种群数量	死亡数	染病数				

填表人：　　　　　　　　　　　　　　负责人：

填表说明：

1. 疫区范围：落实到乡（镇）林场。
2. 发现时间：第一时间发现疫病的时间。

附件 7：

监测信息快报

编号：　　　　　　　　　　　　　报告时间：　　　　　　　　　　年　月　日

监测单位				
发现时间				
发现地点			地理坐标	
异常野生动物				
种类名称	种群特征	种群数量	异常数量	死亡数量
症状描述				
初检结论				
异常动物现场处理情况				
报检情况				
现场检验结果				
监测人			负责人	

填表说明：

1. 每例异常事件填报一份该表。
2. 同一地点、同一连续时间段发现（发生）的事件为 1 例。
3. 发现地点：尽可能写明发生地地址。

第九章　野生动物肇事管理

野生动物是生态系统的重要组成部分，维系着生态系统能量流动和物质循环，它们在生态系统中没有益害之分。自然保护区管理实践中采用以人类自身经济利益为中心的原则，对野生动物肇事进行评估和控制，这种方法便于管理和补偿，但容易导致公众对野生动物形成片面看法，出现与保护野生动物工作相抵触的认识。自然保护区工作人员在管理野生动物肇事时，既要考虑将人类经济损失降到最小，又要考虑野生动物在自然保护区生态系统中的功能和作用，在维持生态平衡前提下，采取适当措施减缓野生动物肇事，控制野生动物数量。

第一节　野生动物肇事现状

1998 年，中国全面禁止猎捕野生动物，收缴民间枪支，打击非法猎捕和贩运野生动物的力度不断加大，野生动物及其栖息地保护卓有成效。某些种类的野生动物数量增长较快，人与野生动物冲突事件持续增加。最近这 10 多年，中国西部地区野生动物肇事更为集中突出。野生动物肇事不仅造成巨大的经济损失，威胁人类安全，同时还引起保护区周边居民对野生动物的仇视和反感，增加了自然保护区管理和野生动物保护工作的难度。

一、野生动物肇事现状

野生动物肇事各地均有发生，但肇事物种、肇事类型和肇事数量却因地而异。云南、四川、西藏、陕西等省区是野生动物肇事高发区。相对中国东部经济发达地区，这些省区人口密度较低，自然植被保存较好，山地占国土面积比例很高，建有大量不同级别的自然保护区，因此野生动物肇事最为严重。

（一）造成巨大经济损失

野生动物取食农作物和经济作物，捕食家畜、家禽，损坏基础设施，攻击人员导致伤亡，造成巨大经济损失。1999 年 4 月～2000 年 5 月，西藏墨脱县格当乡被虎捕食牛 27 头、马 11 匹，共有 14 户年均损失达到 6100 元。云南 2006 年共发生野生动物肇事损农事件 61500 多起，受害面积达 1. 33 万 hm^2，损失粮食近 1000 万 kg。对云南 1998～2008 年 10 年间人熊冲突的不完全统计，被熊攻击伤害案例 236 起，致死 17 人，致伤致残 200 人，捕食家畜数千头。

鸟类在机场净空区和航线上活动，引发航空器鸟击，轻者受损，影响航班飞行；重者成机毁人亡的空难事故，带来严重损失。鸟击也属于野生动物肇事，但机场鸟击防范已成独立研究领域，与自然保护区野生动物肇事管理没有直接关系。

（二）肇事种类多样化

野生动物肇事呈现数量增加和肇事动物种类多样化的趋势。过去野生动物肇事，多为野猪、水鹿、熊、猕猴、豪猪、食谷鸟类取食庄稼，虎、豹、狼、豺、狐、鼬等兽类捕食家畜、家禽。现在肇事动物种类有增加趋势，一些动物食性和行为发生改变。亚洲象现在不仅吃各种庄稼，还毁坏建筑物，捣毁鱼塘和谷仓，攻击行人与汽车，杀死猪、羊和狗。云南双柏县出现野猪追逐捕食山羊的行为。云南景洪、文山、建水等地发生野猪攻击人致伤或致死的肇事案件。西双版纳州和普洱市出现亚洲野牛攻击当地村民的情况。云豹伤人事件也在云南昭通市发生。在山区的养蜂人，经常遇到青鼬和黑熊毁坏蜂箱、盗食蜜蜂和蜂蜜。

（三）威胁人们生命安全

野生动物对人的危害分为两类：一类是大型食草兽和凶猛食肉兽攻击人造成的危害；另一类是小型动物受到人为干扰，因自卫对人造成伤害。康祖杰等人报告，1999~2004 年在湖南壶瓶山自然保护区，发生毒蛇、黑熊肇事导致死亡和伤残居民 122 起；吴兆录统计了 1991~2008 年 5 月，西双版纳受到亚洲象攻击的人数，累计超过 140 人，其中 30 多人死亡。

野生动物对人类的威胁还包括传播人兽共患疾病，野生动物可以传染给人的疾病有 200 多种，常见的人兽（包括鸟类）共患病有 50 余种。据中华人民共和国卫计委对 2008 年法定报告甲、乙、丙类传染病的统计，2007 年和 2008 年中国分别报告感染高致病性禽流感病例 4 例，2007 年死亡 2 人，而 2008 年死亡 4 人。野生动物与传染病管理控制属于卫计委管理，不属于野生动物肇事管理。

（四）增加自然保护工作难度

野生动物肇事使当地居民遭受经济损失和人身安全威胁，目前补偿规定不能满足多数受害事主的期望，常因补偿资金不足，补偿不能按时发放，在一定程度上激起自然保护区周边社区居民敌视野生动物，影响自然保护工作。例如，云南一些山区的地方官员和群众说："政府过去保护人民，现在保护野生动物。"蒋志刚等人在 2003 年 7 月对陕西老县城就保护羚牛所做的社区调查中，46.7%的受访者认为羚牛伤害人，破坏庄稼，数量过多，不应该保护。野生动物肇事管理滞后，补偿机制不完善，挫伤了当地社区参与自然保护的积极性，给野生动物保护工作带来新的挑战。

第二节　肇事原因与肇事种类

一、肇事原因

现代人类文明迅速发展，自然生态系统被大面积占用开发，导致生态环境破坏和自然资源枯竭，给野生动物生存带来严重危机。人类采取建立自然保护区，颁布相关法律和公约来规范人类利用自然资源的行为，以期达到人类对环境和自然资源可持续利用的最终目标。这些保护措施在特定空间和时间，使野生动物数量增长，超出环境容纳量。人们的经济活动和休闲娱乐活动范围不断扩大，与野生动物活动空间高度重叠，增加了人类与野生动物发生冲突的概率。野生动物肇事持续高发的原因有如下几点：

（一）栖息地丧失

栖息地丧失是导致野生动物肇事最主要的生态原因。中国因人口快速增长，利用土地强度加大，导致野生动物栖息地大面积减少，激化了人与野生动物的冲突。以亚洲象肇事最突出的云南西双版纳州为例，1964 年全州人口密度为 19.4 人/km^2，到 2006 年增加到 46.5 人/km^2；橡胶种植由 6126 .7hm^2 增加到 219 653. 3hm^2。亚洲象体形大，活动范围宽广，但因分布区缩小，单位面积的个体数量增加，导致激烈的人象冲突。

受国家法律重点保护的野生动物数量增长后，自然保护区里的食物有限，难以满足其生存需求，动物离开自然保护区，进入人类生产活动的区域，取食农作物，捕食家畜、家禽，威胁居民人身安全。

自然保护区内严格的生境保护措施，如禁止采伐、严格防火、不准采矿，导致原来的矿山和疏林地逐渐演变成次生林或灌木林，增加了大型草食野生动物的觅食难度。

（二）动物食性改变

种植在林缘地带的庄稼对野生动物而言，味美量多，单位时间内取食效率高，是很好的觅食场所。时间一长野生动物就建立了条件反射，农作物成熟时期，就会进入农地取食，部分野生动物逐渐变成了肇事动物。20 世纪 70 年代以前，云南西双版纳州没有亚洲象采食农作物的现象发生，随着天然食物减少，亚洲象先是进入农地采食水稻、麦子、玉米，后来进入人口密集地区采食香蕉，进入村民家中寻找稻谷、大米和盐巴。可见食性的改变，也是野生动物频繁肇事的重要原因之一。

家畜逃避天敌捕杀的能力很差，肉食性野生动物在食物不足时，扩大觅食物范围，进入人类活动区域捕食家畜、家禽。野生动物在捕食家畜、家禽的过程中发现，家养动物比野生动物容易捕食，就会选择性地专门捕食家养动物。云南盈江县曾发生 1 头黑熊在 30 天内在同一地点捕杀山羊 27 只的事情。

（三）野生动物数量增长

严格的保护管理措施，使部分野生动物种群数量得到较快的恢复增长，但自然生境大面积被人类开发利用，自然保护区的环境容纳量不能承载恢复的动物种群，导致野生动物离开自然保护区，在林缘地带和人类居住生产区活动觅食。野生动物受法律保护，人们不敢捕杀或驱赶它们，某些野生动物逐渐不再惧怕人类，肇事增多。

（四）人类活动范围与动物栖息空间重叠

人与野生动物生活空间重叠成为引发肇事的重要原因之一。过去是“兽在山中行，人在山下住”，彼此井水不犯河水，即使偶尔有动物闯入村中，基本都被射杀，少有动物肇事发生。最近几十年，人类不仅将大面积的自然空间改造为适合自己生活居住的区域，也不断进入野生动物栖息地，从事采集、放牧、休闲等活动，增加了与野生动物接触的机会。受到法律保护的野生动物因无人捕杀，容易与人发生冲突肇事。

云南西双版纳州景洪市野象谷是亚洲象集中活动区域，属于西双版纳国家级自然保护区小勐养片区。20 世纪 80 年代初期，仅有科研人员和巡护管理人员偶尔进入，极少发生野象肇事。90 年代中期开辟为旅游景区，2005 年又有高速公路贯通，人类活动空间和野象活动空间高度重叠，亚洲象肇事频频发生。据管理部门统计，2007 年 11 月~2008 年 6 月，有 3 人在此被野象攻击伤亡。人类活动范围与野生动物栖息空间重叠度加大，是野生动物频繁肇事又一个重要原因。

二、肇事种类

依据野生动物主管部门的统计资料和近年研究文献，自然保护区肇事野生动物有如下几个类群：

（一）兽　类

造成肇事的兽类主要有大中型食草动物、肉食动物和杂食性动物 3 个类群。

（1）亚洲象：肇事主要发生在云南南部和西南部，云南与缅甸、老挝相邻的边境地区。

（2）亚洲野牛：肇事主要发生在云南南部，特殊情况下攻击人类，因肇事次数少，关注较少。

（3）水鹿、赤麂、毛冠鹿：取食林缘耕地的农作物。

（4）猕猴类：取食农作物肇事较多。灵长类动物肇事与农作物播种或收获时间联系紧密，肇事季节性突出。

（5）野猪：分布广泛，食性杂，繁殖快，种群数量过多时肇事频繁，肇事多为取食农作物。云南近年来发生野猪捕食山羊、攻击村民的案例。

（6）虎、豹、熊、豺、狼等大型食肉动物：捕食家畜，特殊情况下攻击人类，这些动物在自然保护区数量稀少，多为国家重点保护物种，自然保护区的主要任务是保护它们。

（7）狐、青鼬、豹猫、黄鼬中小型食肉动物等：肇事类型多为捕食家畜幼崽和家禽。

（8）豪猪、松鼠、竹鼠、各种鼠类：啮齿动物数量多、繁殖快，部分种类携带传染病原，对农业、工业及交通运输业和人类健康危害极大。据联合国粮农组织统计，1975 年，世界农业因鼠害损失高达 170 亿美元，每年损失粮食占总产量的 20%。中国每年因鼠害损失粮食 150 多亿 kg，鼠害发生面积 4 亿~5 亿亩。鼠类对植树造林破坏尤其严重，三北防护林和西藏人工林，因鼠类啃咬树根、树皮，造成大量苗木死亡或生长不良。在中国西部和北部的草原，鼠类数量众多，大量啃食草根，导致牧草枯死，草原沙化。鼠害多发生在人员密集社区，控制鼠害已成为专门的学科，不属于野生动物肇事管理。

（二）鸟　类

猛禽捕食家畜、家禽在野生动物肇事管理实践中，案件统计数量相对较少，可能与鸟类每次取食数量不多，损失不大有关，也可能与猛禽捕食不容易留下痕迹，取证困难有关。

麻雀、白腰文鸟、斑文鸟、黄胸鹀、欧椋鸟等杂食性或食谷性鸟类数量过大，或集群活动迁飞时，对农作物和水果可能造成明显损害。云南西部山区，灰头鹦鹉在果园取食苹果，常造成严重损失。

鹈鹕、鸬鹚、鹊鸭、秋沙鸭等游禽，以鱼类为主要食物，鹈鹕、鸬鹚等大型食鱼鸟每天需捕食1kg左右的鱼，对渔业造成明显危害。各种鹭鸶和野鸭也经常捕食鱼类，数量多时也会造成明显损失。翠鸟科的鱼狗、翠鸟、翡翠等种类，虽以鱼类为食，但主要捕食小鱼，加之食量不大，数量有限，危害并不严重。

（三）蛇　类

中国有蝮蛇、蝰蛇、五步蛇、竹叶青、烙铁头等10余种毒性很强的蛇，对人类具有潜在危险。进入山野活动的人们若无防范毒蛇知识，很可能被咬伤。医疗服务不发达的印度、巴西等热带国家，每年死于毒蛇攻击的人数多达上万人。中国毒蛇伤人肇事案例多发生在南方亚热带和热带蛇类较多的自然保护区或山区。毒蛇肇事在野生动物肇事中所占比例较少，随着人们进入山区和保护区采集非木质林产品规模扩大，人员增加，毒蛇咬人案例会逐渐上升。

第三节　野生动物肇事管理

某个自然保护区如果野生动物肇事频繁发生，说明这个保护区生态平衡有问题，要么是动物数量超出环境容纳量，要么是动物食物不足，或者动物食性改变，或者动物受到异常干扰。对野生动物肇事，应从多方面分析查找原因，采取综合管理措施。

野生动物肇事是近年来出现的野生动物管理新问题，尚无有效解决的技术和方法。现有的管理措施可以归纳为：对自然保护区生境进行管理改造；对肇事动物种群数量进行研究，若超出环境容纳量，将其转移到其他保护区；对屡屡肇事的问题动物，捕捉移走或捕杀去除；对因野生动物肇事的受害人进行经济补偿。

一、野生动物肇事管理原则

（一）运用经济阈值指导制定管理措施

自然保护区控制野生动物肇事，应运用经济阈值概念指导制定管理措施。经济阈值是指管理控制野生动物肇事的费用等于所获得的效益。管理肇事野生动物所采取的措施费用若大于所获经济效益，采取管理措施就得不偿失。只有在管理防治费用小于采取措施后增加的经济效益，才值得采取管理措施进行控制。决定是否采取措施控制野生动物肇事之前，要对动物肇事危害进行评估，计算损失的经济价值和其他相关价值，估算出拟采取的控制措施所需管理费用，通过两者间得失比较，再作出是否采取控制措施，采取何种措施的决策。

（二）采用多种方法综合管理

引发野生动物肇事的原因错综复杂，肇事管理应同时采用多种方法减少动物造成的危害，学者将其称为野生动物肇事综合管理。通过改变生境、食物资源，移除超过环境容纳量的肇事动物，改变周边社区居民种植农作物的种类和季节，向居民普及凶猛有毒野生动物防范知识，综合运用多种措施控制或减缓野生动物肇事。

自然保护区控制野生动物肇事，并非要消灭肇事野生动物，而是减缓其肇事概率和强度。采取驱赶移出等方法控制肇事，不伤害野生动物，是为防；采取射杀、毒杀等伤害性措施，降低种群密度，将数量控制在一定水平，是为治。管理野生动物肇事，应运用系统方法，预防为主，防治结合，注重实际管理效果。现在中国对野生动物肇事管理，大多处于事后被动补偿，今后应加强野生动物肇事的综合治理，积极主动防范。

二、生境管理和改造

生境管理和改造是通过推断肇事动物对生境的选择及偏好，对自然保护区内某些生境开展有目的的改造，吸引肇事动物栖息逗留于自然保护区内。生境管理常用以下方法：

（一）在保护区内种植肇事动物喜食植物

在自然保护区适当区域栽培肇事动物喜食植物的措施，被认为是效果最好、费用最低的管理措施。在野生动物经常出没地区种植农作物，为其提供食物；对原有食物植物通过施肥、中耕、修剪、有控制的火烧、排灌供水等措施，促进生长，增加生长量；改变土地坡度，扩大林窗，增加光照，种植能为动物提供食物的各种野生植物；营造防风林，减少和防止强风影响；保证动物饮水水源的供给。西双版纳保护区亚洲象食物源基地建设，就是在保护区内种植亚洲象喜食植物，吸引大象在保护区内逗留，目前尚无确切数据来论证其效果。

（二）环境改造

通过改变环境，使肇事动物难以接近和利用被害动植物，从而达到防治目的。这类管理实践较多，利用围栏、围网、道路、壕沟、地形和建筑物的隔离作用，使动物难以接近植物种植区。进行区域性分析和规划，优化农作区、牧场、林区的形状和大小布局，减少动物进入人类生产区的可能性。在容易遭到野生动物取食的林缘耕地，种植动物不喜欢采食的作物，如云南、贵州一些自然保护区周边村民种植魔芋，改变单一品种大面积的种植方式为多品种小地块、分散混合栽培。

在野生动物肇事严重的地区，针对主要的肇事动物调整种植结构，既可以减少肇事的危害，又可以保证当地居民的经济收入。在村寨及农田周围种植亚洲象不喜食的铁刀木、茶叶、橡胶、辣椒等植物，减少了亚洲象对农作物的危害。

在农耕区清除可为野生动物提供隐蔽的灌草丛，填没洞穴裂缝，使之不适合动物栖息。动物生存离不开食物、隐蔽和饮水，查清动物的食物、隐蔽和饮水，去掉这些要素或其中之一，促使其离开，是控制动物肇事的有效方式之一。

如种植对有害动物有强烈吸引力的缓冲植物，把危害动物吸引走；喷洒驱避剂、拒食剂，使有害动物拒绝采食这种食物。杂交培育新品种可以改变作物的适口性，减少动物的采食。

选择合适的植物品种和种植地区，也是防止动物危害的方法之一。有些品种比原有品种早熟或晚熟，可以避开动物危害的高峰季节。

动物危害严重又没有可靠方法控制的地段，最好易地种植，防止不可避免的野生动物肇事。

通过改变栽培方法和管理方法，也可以减少鸟类对某些特殊地区的危害。如在鸟类危害严重的地区，可在价值较高的作物区周围种上对鸟吸引力更高的缓冲作物，吸引鸟取食缓冲植物。改变作物的收获时间，如种植早熟或晚熟的作物避开动物的危害高峰。在农作物区拆除鸟类喜欢的栖架，可以使鸟的危害减少。

（三）肇事物种管理

针对肇事动物的特点，制定物种管理对策。驱逐、轰赶、移走或捕杀肇事野生动物，是减轻野生动物肇事的重要手段。管理措施运用得当，可有效减缓野生动物肇事；若运用不当，必然导致动物种群数量下降，与保护野生动物的目标背道而驰。

（1）轰赶：轰赶是最原始、最古老的控制野生动物肇事的措施之一，常用来对付草食性和杂食性兽类以及鸟类。在耕地里布设形态逼真的假人，悬挂颜色鲜艳的旗帜或布条和猫头鹰眼睛图案，定时发出各种响声的装置，是常用的驱赶鸟兽方法。现在许多地方用爆炸物轰赶鸟类。恐吓装置也常被使用，当野生动物进入预定范围内，录音装置播放猎狗叫声，吓走动物。训练有素的护卫犬可有效地防止某些野生动物捕食家畜。

（2）使用化学驱避剂：使用化学趋避剂避免野生动物取食农作物或家畜、家禽，在发达国家运用时间较长，如采用主要成分是洗涤剂的一种驱避剂，涂在鸟类经常停留栖息的树枝上阻止鸟类停息。鸟羽接触洗涤剂后会溶掉羽毛上的油脂，使羽毛雨天受潮失去绝热能力，因此鸟类会避免接触。食肉动物对某些化学物质十分厌恶，把它涂在家畜身上，食肉动物就很少捕食它们。已经有几种驱避剂用于保护植物免受食草动物的啃食，国外已经有驱赶鹿类的驱避剂上市，喷洒在草地上能防止鹿类啃食青草。

（3）围栏防护：人为限制野生动物进入居民活动区域或农地。设置障碍物，减少人与野生动物冲突，这种方法缺点是限制了动物的自然活动，加大了保护地的孤岛效应，长期采用还会产生其他生态学方面的问题；优点是能有效阻止野生动物的入侵危害。高压脉冲电网经常用来保护家畜、家禽，电网只对动物产生电击，不危及生命，既可以保护动物免受捕食动物的伤害，又不伤害野生动物。建造围栏也是防止食草动物危害的有效的方法，在果园、家庭庭院和一些珍贵观赏植物园，围栏虽然耗资巨大，但一旦建成可用上好几十年，目前大多使用的是一种涂锌铁丝网，可用20~30年。

（四）控制肇事动物种群数量

在肇事动物种群数量过大时直接射杀或毒杀肇事动物，是肇事野生动物管理简单有效的技术手段。采取这类措施的前提，是必须获得肇事动物相对准确的数量，科学制定捕捉射杀数量。

（1）捕捉移除：各地都有适合本地区行之有效的捕捉方法，例如用陷阱和网具捕捉，用麻醉枪活捕；动物数量很多可以直接射杀，对小型有害动物可使用强力粘胶剂粘捕，也可以用诱饵、引诱剂或叫声诱捕动物。

（2）生殖抑制：切除动物性腺或阻断受精通道，使用激素抑制动物繁殖。增加有害动物的死亡率。用生殖隔离和不育技术减少有害动物的繁殖，用不孕药放到诱饵中让有害动物取食，造成动物不育，目前得到广泛的使用。

（3）制造疾病：用致病的病毒和病菌在有害动物中传播，可以大大降低有害动物的数量。

（4）保护招引天敌：增加天敌的数量，也可以降低有害动物的种群数量。

（5）直接捕杀：非洲很多地区通过捕杀来控制野生动物数量，既减少危害，又获得肉和皮张。但这种控制方式应该谨慎使用，避免对生态系统造成冲击。

控制应在动物种群最脆弱、数量较少的时候进行，一般应在动物繁殖之前进行。所有控制手段的成功与否，取决于对这种动物习性的了解程度，只有对动物习性有深入了解，才能正确地运用各种控制手段。

在使用有毒药剂的时候，要注意保证环境不受污染，不让动物对药剂产生抗药性。小型动物主要的隐蔽地是灌丛、杂草、乱石、洞穴、杂物、垃圾堆。在动物危害严重的地方，应该把这些东西移掉，清除填平洞穴，使动物不能利用作为隐蔽地或巢穴。在农场、仓库，应把所有动物能利用的食物清除掉或收藏起来，防止动物利用。

化学毒剂毒杀肇事野生动物是风险极高的控制措施。毒剂可能不被靶标动物取食，不能达到预期目标，相反可能被其需要保护的动物取食造成误杀。毒杀可以在短期取得明显效果，但常会带来极大问题。毒杀剂种类很多，有一次性毒杀剂和多次性毒杀剂，一次性毒杀剂的特点是毒性强，缺点是容易引起动物拒食，毒杀目标难以控制，毒物放出去以后可能会误杀其他动物。不到万不得已，不要轻易采用。很多发达国家严禁使用毒杀剂捕杀动物。多次性毒杀剂需要动物多次进食后才会死亡，不会引起动物的拒食，常用来控制鼠害。

氰化钠是常用的速效毒杀物，使用时装在蜡丸中与诱饵扎在一起，动物咬食诱饵时，氰化钠进入动物口中，动物在几秒钟内即刻死去，中毒而死的动物不会离安放诱饵的地点很远。被毒杀动物的肉不可食用。

（五）鸟类的防治

防治鸟类应根据防治对象的种类和数量、危害类型、严重性、范围、时间、当地的气候条件和群众的态度来选择。除了少数夜行鸟类外，大多数鸟的危害出现在白天。防治之前，应仔细观察鸟类的危害情况，在鸟类危害尚不严重时及时采取措施。

一些鸟类经防治后会暂时离开，但不久又会再来危害，因此防治措施应当继续坚持。

用于鸟类的驱避剂有 3 种类型：气味剂、接触剂和味觉剂。许多驱避剂已注册，但效果好的不多。一种已注册使用的鸟类紧张剂名为 PA-14，是接触剂。这种药剂的主要成分是洗涤剂，用于喷洒在鸟类停留的栖架上，一旦鸟类的羽毛粘上药液，其表面的油脂防水层被溶掉，造成羽毛遇水变湿失去保温作用，鸟类会避免在这些栖架上停息。这种驱避剂最好在潮湿寒冷（4~9℃）的时候使用。

一种已注册的椋鸟毒杀剂，对欧椋鸟毒性很强，而对其他鸟毒性较弱，鹰隼对这种药剂的抗性特强，比较安全可靠。使用前先撒一部分无毒饵料，吸引更多的鸟来取食，然后放药饵，鸟吃以后在48小时内死亡。

常用张网来捕捉麻雀，晚间选择密而较低矮竹林，由两人撑网，两人在竹林中驱赶，把鸟赶入网中。注意驱赶时要逆风，因为鸟一般逆风起飞。

威吓的方法也用来驱赶鸟类，用磁带录下鸟的警戒或受惊的叫声，通过广播不定期地播送，并结合某些机械装置效果更好。用气球吓唬野鸭十分有效，气球的直径以50~75cm为好，用单股15~20m长、能承受22kg的线绳拴住，每150~200m安放1个。夜晚用黄色或白色气球，白天用红色气球。

国外用于驱赶鸟类的一种威吓剂，鸟吃下这种化学药剂以后，会发出怪叫并不断地漂泊不定飞行，奇怪的行为动作可把其他的鸟吓走。这种药十分安全，没有第二次中毒的后果，常用于防止野鸽、鸥、麻雀、乌鸦、欧椋鸟对古建筑物、机场和农作物的危害。

用声、光和视觉驱避物（如鲜艳的彩旗），开始对鹿类的驱避很有效，若长期使用，动物会逐渐习惯失去作用。对鹿的驱赶，美国曾用过闪光灯、丙烷乙炔爆破筒、炮仗等，只能一时有效，不能长期使用。狩猎和活捕是控制鹿类的好方法，在鹿类危害较重的地方，应当有计划地在冬季去除部分鹿，减轻鹿的危害。

（六）食肉动物

大型食肉动物数量很少，肇事比例相对很低。它们只在数量过多或栖息地被严重破坏，猎物剧减的情况下，才会进入村庄捕食家畜。大型食肉动物几乎全是国家法律规定的重点保护野生动物。发生大型食肉动物肇事，要及时弄清原因，采取控制措施。

若因肇事动物数量超过环境容纳量，必须去除部分个体，利用猎狗辅助、使用枪支射杀是最常用的方法，只准捕猎要去除的动物。猎杀之前，需要弄清动物栖息地和习性。等候伏击猎杀动物也是有效方法。食肉动物偷盗成功后，往往会再来，采用伏击的方法很容易达到目的。

使用捕笼、圈套、踩夹可以节省时间，降低工作强度，但这类方法容易误伤其他动物，通常只在特殊情况下使用。

在候鸟越冬地改种桃、梨和苹果等经济果木，错开果实成熟期与候鸟越冬期，也有一定效果。

通过社会保险和有关机构的帮助减少风险，这种方法在一些西方国家早已被采用，在受动物危害严重的地区，通过专业保险公司投保，对遭受损失的村民进行直接补偿，已经在云南各地推广。

第四节　管理与动物肇事相关人员

人们进入山林从事非木材林产品采集、放牧和各种户外活动，增加了与野生动物接触的机会，野生动物肇事伤人并导致死亡的事件因此逐渐增多。野生动物肇事造成人员伤亡，与社区居民缺乏野生动物防范知识，放牧或从事生产活动时警惕性不高有一定关系。

一、搬迁村民

在野生动物和人类生活空间重叠的肇事高发区，搬迁村民可以消除人类对自然保护的压力和干扰，形成完整的保护区域。如果搬迁选址适当，通过搬迁，还可以提高生活质量。

云南西双版纳州曾对居住在自然保护区内的24个村寨实施了搬迁工程，少数村寨不配合未能搬迁。20年后大多数搬迁村寨发展很好，未搬迁或选址不当的村寨，遭受了相当严重的野生动物肇事危害。这一经验表明，把野生动物活动频繁地段的村寨搬迁到其他地区，能有效避免野生动物肇事。搬迁村寨是个庞大的社会系统工程，需要大量资金，还要被搬迁居民配合支持。搬迁管理需要认真论证，国家有关部门应给予经济补偿或特殊的发展政策。

二、补偿经济损失

《中华人民共和国野生动物保护法》第十九条明确规定："因保护本法规定的野生动物，造成人员伤亡、农作物或者其他财产损失的，由当地人民政府给予补偿。具体办法由省、自治区、直辖市人民政府指定。有关地方人民政府可以推动保险机构开展野生动物伤害赔偿保险业务。有关地方人民政府采取预防、控制国家重点保护野生动物造成危害的措施以及实行补偿所需经费，由中央财政按照国家有关规定予以补助。"

经过多年的实践，云南省现在由商业保险公司承保各州市野生动物肇事补偿业务。

三、普及防范动物伤害知识

依据调查结果，很多野生动物对人的伤害，是因为村民防范野生动物伤害的意识薄弱，专业知识缺乏所致。自然保护区管理人员应向当地居民讲授肇事动物的基本知识和防范知识，减少野生动物伤人事件的发生。

四、发展替代产业

积极推进野生动物肇事补偿的同时，很多自然保护区还充分利用自身的技术优势，对当地居民进行种植业、养殖业等农村实用技术培训，引导村民由粗放经营过渡到集约经营，增加群众的收入。

第五节　肇事现场踏勘记录

野生动物肇事后通常是受害人最先发现，上报承保的保险公司。由于承保的商业保险公司缺乏动物学专业人才，经常委托自然保护区基层管理站、林业工作站进行野生动物肇事的现场勘验。

现场踏勘取证有3个目的：第一，确定肇事动物种类；第二，核查落实肇事情况；第三，评估肇事造成的经济损失。核实肇事情况和评估经济损失相对容易，确定肇事动物种类则比较困难，只能依据现场留下的痕迹判断种类，需要调查者具有扎实的动物分类学知识和丰富的实践经验。

一、肇事现场踏勘记录

（一）核查落实记录肇事情况

调查人员到达现场，首先查看肇事情况是否属实，评估损失。如属农作物被盗食，农作物种类、处于何种生长期、遭到破坏的面积，均应记录和测量；如果系家畜、家禽被捕杀，记录种类、性别、年龄、数量及其价值和价格。

野生动物攻击人员受伤，通常会送到医院，应前往医院了解情况，获得医院开具的受伤原因以及伤情证明，待受害人痊愈后再去指认现场，或请其他目击证人协助指认现场，对现场进行拍照记录。若为野生动物肇事导致人员死亡，现场勘查记录应认真仔细。记录受害人姓名、性别、年龄，还应详细记录事发现场的周围生境、具体生境、人兽搏斗留下的痕迹等，以便将来分析。

（二）判断肇事动物

到达肇事现场后，应尽快观察记录肇事动物留下的各种迹象，对肇事物种进行判断。如果肇事事件受害对象是人，则可以通过当事人的陈述和肇事现场动物留下的痕迹鉴定种类；受损对象是牲畜，可以通过牲畜身上的伤痕、捕食现场动物留下的痕迹等来确定肇事的动物种类；受损对象是农作物，则通过野生动物留下的取食痕迹、足迹、毛发等来鉴定肇事动物种类。但无论受害对象是人、牲畜还是农作物，都必须在肇事事件发生后第一时间进行现场踏查，这时野生动物留下的痕迹尚未消失，可以提供相对较多的判断信息。

（三）肇事现场记录

对肇事现场踏勘之后，应该详细记录相关的调查情况，为后面的肇事补偿做好档案资料。记录内容应包括肇事发生的日期、时间、发生地点、肇事类型、经济损失、受害人姓名、肇事调查人员和调查日期、受害人的受伤部位和伤残程度；损失牲畜的种类和数量、受损牲畜的年龄、性别等；受损农作物的种类、面积，受损农作物的生长期（秧苗、幼苗、花期、成熟期等）。

二、经济损失评估

野生动物肇事的经济损失评估通常应从下列4个方面来考虑：①造成危害的数量和范围；②危害引起质量下降的程度；③有否补救的措施；④对未来潜在的影响如何。

家畜、家禽被野生动物捕食造成的经济损失比较好计算，依据种类、性别、大小按当时市场价格计算。人员受野生动物攻击，受伤后急救住院治疗，住院天数、产生多少医疗费用、误工天数，通常也很明确，有确切的金额。野生动物肇事导致人员死亡，可以参考其他行业人员死亡赔偿标准来处理。如果是因野生动物肇事导致人员伤残，丧失劳动能力，则补偿损失的计算比较复杂。需要去政府指定的鉴定部门鉴定伤残级别，然后依据伤残级别计算。

农作物生长期不同，计算损失应加以考虑。苗木期遭到啃食的农作物，受损程度较轻，采取管理措施可恢复生长，不会带来显著的经济损失。在种子成熟期的农作物被野生动物取食践踏，损失相对很大，而且无法弥补。为了多得补偿费，部分受害事主会夸大损失的情况，调查人员勘验现场时要认真核查。

三、肇事种类确定

鸟类采食植物叶片，会在叶片留下与其喙形状相似的半圆形缺口或小洞，而食草兽通常把整个叶片吃掉，即使没有吃掉，也会留下多个类似锯齿的牙痕。依据采食作物留下的痕迹、采食高度和采食部位，比较容易区分是鸟类还是兽类所为，但要将兽类和鸟类鉴定到具体种类比较困难，需要丰富的分类学知识，熟悉动物行为和习性。

（一）食肉兽种类鉴定

食肉动物常把猎物杀死后拖至隐蔽处再啃食，现场留下痕迹很少，应仔细观察留下的痕迹。动物可能因钻篱笆、围栏、笼舍时留下体毛，在地面留下足迹，这些痕迹对确定种类是非常重要的判据。发现猎物被拖走的痕迹，应循迹寻找，找到动物进食现场，观察记录以下内容：①杀死猎物的方法；②啃食猎物身体部位的顺序；③估计猎物体重，计算肇事动物食量；④动物留下的足迹、粪便、尿迹和毛的特征；⑤啃食现场的生态环境；⑥离捕杀现场的估计距离；⑦根据猎物尸体的新鲜程度判断猎物被捕杀的大致时间。结合本地区食肉动物名录，对上述信息综合分析，最后判定肇事动物种类。

熊捕杀家畜时，通常先咬住其颈部，再用前肢拍打猎物，采用撕裂、拉扯、扳拗等方法杀死猎物。被害动物通常四肢不全，身体被撕裂。熊喜食雌性动物乳房，被害家畜通常腹部开裂，心肝先被吃掉，肠子散在周围。熊的食量大，家羊能被一头成年熊吃光，只剩胃肠和大的骨头。捕杀现场常会有熊粪，附近有熊的卧迹。熊的脚掌形状独特，体重较大，现场容易留下足印。

狼、豺攻击家畜时，常先咬断猎物后腿肌肉和韧带，使猎物无法动弹，然后撕破猎物腹部，先吃内脏，后吃肌肉，所以在猎物的腿脚之处常可见到狼或者豺的齿痕。

狐狸盗食家禽通常只捕杀一只，将其衔回巢穴进食，现场只留下几滴血和羽毛。狐狸通常先吃猎物的腿和胸脯，爪和翅膀被丢在一旁，吃剩的部分常被半埋在土里。

黄鼬通常咬住猎物头颈部，使其窒息而死，或咬断头颈部位杀死猎物。由于食量小，通常只吃家禽的头和胸部肌肉，将尸体弃于捕杀现场。若为鼠类捕食家禽，通常吃掉猎物身上的肉，将剩余部分拖入洞中或隐藏起来。文献报道说黄鼬、狐狸和狼有杀过行为，有时会在一次袭击中杀死大量猎物。美国纽约州一个农场曾发现狐狸一个早晨杀死了 80 只小鸡。

（二）草食和杂食兽类鉴定

水鹿对植物的选择性不强，可以把植物大片吃掉。而赤麂、小麂、毛冠鹿等小型鹿类，喜好采食植物的新叶嫩枝，每棵植物上只吃几片叶子。野兔只能采食低矮的植物或植物的下部，而大型动物可以采食植物较高部分。有蹄类动物因为四足结构特殊，常会在地上留下比较清晰的足印或足迹链，有助于种类鉴定。

（三）鸟类种类鉴定

大多数肇事鸟类白天觅食活动，若在肇事现场逗留觅食，借助望远镜和鸟类野外手册容易识别。肇事鸟飞离现场，可能留下脚迹、粪迹、啃食痕迹和掉落羽毛，可以作为鉴定依据，但鉴定准确性不会太高。另一个办法是先让受害事主描述肇事鸟的形态和行为，调查者依据自己的鸟类学知识判定种类，或请受害事主对照鸟类图鉴进行指认，是何种鸟类肇事。夜行性鸟类肇事以鸮形目鸟类为主，各种鱼鸮捕食鱼塘养殖的鱼，雕鸮、林雕鸮捕食家禽。夜间在鱼塘捕食鱼类的鸟，除了鱼鸮之外还有夜鹭。

第六节　补偿范围与程序

一、补偿范围

国家有关法律和各省野生动物肇事补偿办法明确规定，受国家法律保护的野生动物肇事才给予补偿，而未被列入保护动物名录的其他野生动物，不在补偿范围内。

二、补偿条件

各省制定的野生动物肇事补偿管理办法，对获得政府补偿条件有明确规定，符合以下条件才能获得补偿：

（1）野生动物对正常生活或从事正常生产活动的人员造成人身伤害或死亡，可取得政府补偿的权利。因非法狩猎活动或违法擅自进入自然保护区的人员，围观挑逗野生动物的人员，造成人身伤害或死亡，政府不承担补偿责任。

（2）在生产经营范围内种植的农作物和经济林木受到损毁的情况，有取得政府补偿的权利。在划定的生产经营范围以外种植的农作物和经济林木受到损毁的情况，政府不承担补偿责任。

（3）野生动物对居住在自然保护区内的人员在划定的生产经营范围内放牧的牲畜，或者在自然保护区外有专人放牧的牲畜以及圈养、归圈的牲畜造成伤害或死亡的情况取得政府补偿的权利。对野养、散放或擅自进入自然保护区内放牧的牲畜，所造成的损害，政府不承担补偿责任。

三、补偿程序

申请野生动物肇事经济补偿，除了要符合补偿范围和补偿条件，还应按照规定程序上报申请，由保险公司启动补偿程序。

（一）在规定时间提出补偿申请

野生动物肇事受害户主或受害人一旦发现野牛动物肇事，应当妥善保护肇事现场，及时向保险公司报案，递交补偿申请书。

申请书注明受害户主姓名、性别、年龄和家庭住址、法人或其他组织的名称、地址和法定代表人或者主要负责人的姓名和职务，申请的具体要求、事实根据和理由、申请时间等内容。

（二）管理人员踏勘记录肇事情况

保险公司接到报案和补偿申请书后，要及时对野生动物肇事现场进行调查核实，调查核实工作应在 1 个月内完成，调查人员不得少于 2 人，对受害户主及亲属邻居进行调查采集旁证。

管理实践表明，接到报案后，管理人员去肇事现场的时间越短越好，时间越长，肇事现场留下的痕迹越少，对准确记录肇事情况、评估经济损失、鉴定肇事种类带来不少问题。

本章参考文献

[1] 蔡静，蒋志刚．人与大型兽类的冲突：野生动物保护所面临的新挑战［J］．兽类学报，2006，26（2）：183-190.

[2] 陈德照．云南野生动物肇事危害情况及对策探讨［J］．西部林业科学，2007，36（3）：92-96.

[3] 谌利民，熊跃武，马曲波，等．四川唐家河自然保护区周边林缘社区野生动物冲突与管理对策研究［J］．四川动物，2006，25（4）：781-783.

[4] 靳莉．中国亚洲象肇事原因和对策研究［J］．野业动物，2008，29（4）：220-223.

[5] 康祖杰，田书荣，龙选洲，等．壶瓶山自然保护区野生动物危害现状及其保护法完善的建议［J］．湖南林业科技，2006，33（5）：47- 49.

[6] 刘林云，杨士剑，陈明勇，等．西双版纳野生动物对农作物的危害及防范措施［J］．林业调查规划，2006，31（增刊）：33-34.

[7] 何謦成，吴兆录．我国野生动物肇事的现状及其管理研究进展［J］．四川动物，2009，29（1）：141-143.

第十章　防范野生动物伤害

第一节　防范熊类伤害

香格里拉市是黑熊肇事高发地区，近年来发生多起黑熊袭击人导致伤残死亡的案例。分析人熊冲突事件，少数无法避免，多数事件则是可以避免的。但因村民对熊的习性不了解，采取措施不当，导致惨剧发生。掌握防范熊类伤害知识，主动防范熊类袭击，是减少人熊冲突的有效措施。与熊遭遇时，若能采取正确行动，可以避免伤害或减轻伤害程度。

一、基础知识

（一）黑熊和棕熊的特点

香格里拉市境内有2种熊，即黑熊和棕熊，2种熊的特点如下：

黑熊（*Ursus thibetanus*）：体形肥壮，四肢粗短。胸脯中部和前肩具“V”形的白色或黄白色宽纹。鼻端裸露，耳大眼小，颈部粗短，具蓬松长毛。通体呈黑色。头骨长短居于棕熊与马来熊之间。吻鼻短，脑颅长，顶骨宽，颧弓弱。肩不十分隆起，臀部滚圆，尾甚短。前足宽短，具强健弯爪；后足似人脚，爪较弱，掌裸出。成年黑熊体重45~272kg，体长1.8m，尾长6.5~10.6cm。依据季节与食物变化，公熊通常比母熊重1/3。母熊体重55~144kg，肩高91cm，全长137~152cm。3岁黑熊体重可达82~136kg，4岁黑熊体长约100cm。黑熊以黑色的个体最多，也有白化变异个体，还会出现一些体毛呈棕褐色的个体。

棕熊（*Ursus arctos*）：外貌粗壮强健，头部宽圆，吻部较长，眼较小，耳大而圆，具黑褐色长毛。肩部明显隆起，尾甚短，常隐于臀毛中。体毛颜色变异较大，有棕红、棕褐和棕黑不同体色。胸部至前肩有一宽大的白纹。四肢粗壮，足垫裸露厚实。跖垫与趾垫间有短毛相隔。公熊体重135~390kg，母熊体重95~205kg；体长170~280cm，尾长8~14cm。

黑熊对环境适应能力极强，只要有山、有树、有水、有食物，黑熊就能生存繁衍。在喜马拉雅山脉和横断山地区海拔3100~4000m的山地针叶林，也有黑熊分布栖息。栖息于高山地区的黑熊，夏季登至高山活动，秋季下到低处栖息。在中国，棕熊主要分布于东北地区、西北地区、青藏高原，云南仅分布于迪庆州。马来熊分布于云南南部地区和西藏墨脱。

（二）黑熊的生态习性

1. 活动范围

黑熊的活动范围边界比较松散，活动范围面积变化较大，从几十平方千米到 $260km^2$ 不等，最大的活动范围记录为 $650km^2$。母熊的活动范围通常比公熊小，从十几平方千米到 $207km^2$ 不等。小母熊断奶离开母熊后，允许在母熊的活动区域附近活动，小公熊则要旅行几百千米，寻找新的属于自己的栖息地。繁殖季节，公熊会与多头母熊交配。由于熊的活动范围彼此重叠，因此常采用优势领先原则维持秩序。个小体轻的熊会主动躲避个大体重位于顶级的熊。

2. 繁殖行为

不同地区黑熊的性成熟年龄不同。食物丰富地区，黑熊的性成熟时间会早一些。黑熊繁殖率相对较低，母熊 3~5 岁性成熟。黑熊每年 1~6 月交配。优势公熊四处游荡寻找发情母熊，在一起待上几天，完成交配后分手。交配后受精卵可以不在子宫里着床，直到进入洞穴冬睡后才进入子宫着床。寒冷地区，母熊和幼熊在洞穴中可待上 6 个月不吃食物。如果遇上食物匮乏年份或母熊生病受伤，胚胎将被机体吸收，使母熊有更多机会存活下来，将来再繁殖后代。若母熊身体健康，胚胎着床后生长发育。以动物体形而言，黑熊的怀孕时间最短，怀孕期 6.5~7 个月，通常在 1 月下旬或 2 月初生产，每窝产仔 1~6 只，多数 2~3 只。仔熊出生后，母熊会长时间舔它们的皮肤进行清理，然后再度入睡。仔熊则靠吃奶继续生长。在中国北方，母熊产崽于冬眠的树洞中；在南方，母熊往往在茅草灌丛中做成的简陋巢穴里产崽。母熊通常隔年生殖 1 次。新生崽 1 月龄时睁眼，3 月龄能跟随母熊行走，哺乳期约 6 个月。断乳之后，母熊对幼崽仍有较长时间的护育，以保证小熊能更好地存活，学习捕食技巧。

刚出生的小熊像粉红色的无毛老鼠，重 249~373g，只相当于其母亲体重的 1/500~1/300。小熊生长很快，3~4 个月后跟随母熊出洞生活。公熊从不照顾幼熊，有时候还会杀死幼熊，所以母熊带仔期间，总是保持高度警惕，极富攻击性。母熊与幼熊形成紧密的家庭，直到幼熊长大能独自闯荡。小熊离开母熊通常是在出生的第 2 个冬天之后。

3. 食物种类

黑熊虽然在分类上归入食肉动物，但很少吃肉，主要为杂食。食物包括嫩叶、草根、野果、昆虫。食物不足时，黑熊会吃动物尸体，甚至主动捕杀大型兽类。黑熊食物中肉食比例不足 10%，吃肉大多发生在寒冷的冬季。熊有很大的头颅，在食肉动物中头骨最大最长，但它既没有其他食肉动物用于切割肉的裂齿，也没有草食动物用来吃草的研磨齿和反刍的胃，因此熊需要大量进食，喜欢觅食新长的嫩芽和容易消化的植物部分。

熊是“机会主义者”，任何含有热量的食物它都能吃，无论是自然食物还是人工的食物。黑熊以植物性食物为主，青草、嫩叶、苔藓、蘑菇、竹笋、红薯、松子、橡子、野果都在其菜单里，也吃溪间的虾、蟹、鱼、蛙以及鸟卵、松鼠等，有时还袭击中小型的有蹄兽类，更喜欢挖蚂蚁窝或者掏蜂巢。熊也喜欢吃遇到的动物尸体。熊偏爱高蛋白的蛴螬、昆虫和肥胖的昆虫幼虫。如果在野外看到地上很大的石头被翻开，通常是熊为找昆虫干的。熊在准备进洞冬睡前吃得尤其多，以满足冬睡期间的能量需要。

4. 活动规律

黑熊主要在白天活动，炎热的夏天晨昏活动频繁，中午它们常躲在通风的树荫或岩石后的阴凉处休息。秋天食物丰富，它们昼夜采食，没有固定的休息时间。但到农田盗食庄稼则多在夜间。

除了冬眠和繁殖期外，黑熊没有固定的巢穴。在南方，黑熊终年活动，游荡寻食；在北方寒冬季节有冬眠习性。除交配期间，雌、雄皆单独活动，或者母熊和幼崽一起活动觅食。

熊的冬眠只能称为冬睡。熊在冬睡期间体温下降，新陈代谢几乎停止。但它们每周或每两周会苏醒 1 次，喝水排泄，吃些储藏的食物，然后继续睡觉。熊冬睡选择自然的岩洞、土洞、空心的树洞，或者自己掘洞。

5. 熊的语言

熊会使用不同声音和身体姿势来表达它们的意思。“孔弄”声是熊最常发出的声音，表示友好，用于带领小熊，与其他熊相遇，偶尔也对人。“吼、吼”的高叫声，表示熊很紧张或受到了惊吓。人与熊突然相遇时，熊常发出这样的高叫声。

熊用后腿站立是想看清楚某些东西，而非电影中所表现的攻击人的姿势。熊用后腿站立，头部左右摆动，是想从空气中捕捉更多气味信息，弄清周围情况。熊的鼻子皱起，耳朵朝前，四足站立或后足站立，意思是“我想看看有什么吃的”，或者感觉到可能有点危险。

熊的头向前低垂，耳朵朝后，身体下俯，或者用后腿站立，表明熊感到很紧张害怕，觉得受到威胁，准备发动攻击。

6. 熊的智力

熊的好奇心重，非常聪明，灵活并且善于随机应变。生物学家测试熊的智商后认为熊的智商显著高于德国牧羊犬，超过最聪明的狗。在食肉目动物中，相对体重而言，熊有最重的大脑。熊总是探寻各种新物品，希望发现它们是可以食用的。熊的好奇心和聪明，可以帮助熊尽最大可能寻找栖息地中的食物，躲避危险，找到配偶。

熊的记忆力非常好，它们能到不被洪水淹没的地点躲避洪水，回到以前吃过浆果的地点或找到过食物的垃圾堆寻找食物。母熊会耐心教育小熊各种生存技能。在一年中恰当的时间访问野果的生长地。熊如果 8 月在某地取食过浆果，以后每年 8 月都会再去同一地点采食果实，像钟表一样准确。有人观察到一只熊为了过河不打湿皮毛，用嘴搬动一根木头搭起一座桥，然后从桥上走过。动物使用工具完成一项任务，通常被认为是智商较高的表现。有很多证据说明熊能辨认、记忆各种物体，如蜂箱、浆果、灌丛、冰盒、垃圾桶、野营者。熊也能认识、记忆鸟类喂食器，知道里面的种子可食。在北美，熊常会检查人类居住的房屋院子，看看有无喂食器，如果有，熊就会认为这是个好地方，以后经常光顾。学者还观察到黑熊用石块触发绳套机关，然后吃掉放在那里的诱饵。

7. 熊的生存能力

熊的嗅觉比人灵敏 100 倍，比最灵敏的追踪犬还要灵敏 7 倍。据动物学家盖瑞 · 布朗的观察，在加利福尼亚一只黑熊迎风径直走了4.8km到一只鹿的尸体前。熊能嗅出它们眼睛看不见的食物，能从紧闭门窗的汽车外嗅出放在汽车座位下面的巧克力，辨别出人和动物留在小路上的足迹气味的差异。熊的听觉不甚特别，能听到16~20kHz或更多一些的频率，但还是比人的听力强了很多。熊通常被认为视力不好，因此中国北方人叫它“熊瞎子”。熊的视力与人大致相同，略有一点近视，当它们想辨清东西时，就站起来嗅闻空气，近视可以帮助熊看见浆果、蛴螬和其他的美味，熊也能分辨颜色。

熊在短时间内奔跑速度能达到时速56km，熊是游泳好手，也是灵敏的爬树高手。所以人跑不过熊，游不过熊，爬树也爬不过熊。

熊类是陆地食肉动物中体形最大的类群之一。熊的进化是朝强壮而不是朝速度演化。熊前肢粗壮，肩部宽阔，背短足短，肌肉发达。熊的嘴和牙异常强壮，能咬碎成年鹿的头骨，强有力的前肢能掰开直径25cm的木头，掘出过冬的洞穴，为寻找蛴螬能移开重达45kg的石头，但是它们不善于用四肢有效地捕杀猎物。6个月的小熊，其体力与大多数成年人相当。黑熊行动缓慢，但若发现危险，则逃匿很快。熊若认为动静可疑，有时会用后肢站立，环视四周，然后才迅速躲入林中。

8. 熊的危险性

在野外熊遇到人，通常会选择逃走。但是熊又是很神经质，容易受到惊吓的动物，近距离突然与人遭遇，常会令它们发动攻击。当熊牙齿“咯吱”作响，突然发出吼叫，咆哮、低吠，这些行为表明熊受到刺激，对人的出现感到不舒服，并不表明熊有攻击倾向，要发起攻击。

真正危险的熊是默不出声的。很多电影中熊攻击人是站立的，实际上这并不是熊的攻击姿势，只是为了更好地嗅出周围环境的情况。熊一般不主动攻击人，但在进食时、受伤后和带崽时比较凶悍，常会主动攻击人。熊很容易跟踪人并将人弄伤或杀死。因此，对熊要有正确认识，它既不是电影里刻画的咆哮杀人恶魔，也不是卡通片中可爱的小乖乖。

二、主动防范熊

（一）活动痕迹辨别

熊的足迹非常独特，容易辨认，不会与其他动物混淆。熊是跖行性动物，与人相同，因此熊的后足印与人类足印有些相似。熊每足有5个足趾，前足较短，宽10~13cm；后足长而窄，长约17.8cm。熊爪不能伸缩，熊足印常带有爪印。旱季足印不容易见到，雨季或下雪后足迹很常见。没有足印并不意味着熊不在附近。

熊的粪便体积较大，形状与人类粪便相似。春天粪便呈长条形，秋天粪便形似牛粪，含有很多食物残渣。

用棍子翻开熊粪，下面的地是湿的，草是绿的，表明粪便很新鲜，可能熊就在附近；如果下面的地是干的，草是黄色或褐色的，表明熊已经离开了较长时间。熊吃得多、拉得多。夏天熊一天排便2次，秋天浆果成熟时食物丰富，一天可以排便15次之多，所以在野外看见大堆含植物浆果种子的粪便，并不表明熊肯定就在附近。熊经常翻开石头寻找蚂蚁、蛴螬，如果发现翻开的石头仍然是潮湿的，说明是熊刚刚干的。熊也会掰开倒树和木头寻找昆虫，挖开蚁穴吃蚂蚁，打开蜂箱盗食蜂蜜和蜂蛹。在放牧牛、羊的地方，熊也常将牛粪翻开寻找昆虫。

熊经常爬树，有时会将树作为磨爪或磨牙的地方，会在树皮上留下爪印和牙痕。熊会在自己活动范围内的树干上摩擦，留下毛发和爪印等标记，告之其他熊这片地方已被自己占据。若在溪边、湖岸发现鱼头、鱼尾，很可能是熊捕食后留下的。用树枝掩盖着的动物尸体，通常也是熊干的。

（二）避免与熊相遇

1. 避开熊的活动区域

在野外发现新鲜的熊的活动痕迹，例如抓痕、粪便、足迹，表明熊在附近活动或者刚刚离开，要特别注意观察周围情况。幼熊经常爬到树上躲避危险，而它们的母亲常常就在附近。

在山间小路上看到新鲜的熊粪断断续续地通向茂密灌丛，表明熊极有可能就在灌丛中，应该迅速离开，或者格外小心观察。若有熊的新鲜脚印，表示熊刚刚经过此地。

在森林中活动尽量避开熊的采食地与兽径，例如，长满野果的植物丛、茂密的植被覆盖区域、溪流、森林与草地交界的林缘地带。

2. 远离动物尸体

避免在森林中的动物尸体附近停留，因为常会有食肉动物盯着动物尸体，把它视为自己的食物。黑熊会取食动物尸体，并保护自己的食物，在动物尸体附近逗留，可能引起黑熊的攻击。

3. 了解熊的活动状况

野外徒步之前，尽可能了解活动区域熊的分布与活动情况。上网查询或打电话了解该区域熊的活动信息，阅读信息牌或警示标志。尽量安排在白天徒步，避开清晨、黄昏时段，因为清晨、黄昏时段兽类很活跃。野外徒步最好结伴而行，互相照应。行走过程中要持续制造动静与声音，警示树林中的熊，有人来了。

4. 不在夜间徒步

有人常在夜间借助头灯观赏各种动物，若夜间观赏动物，要确定活动区域有没有熊活动。熊在夜间视力比人好，而人在夜间很难看清黑色的熊，夜间遭遇熊更容易受到熊的攻击。

三、与熊相遇的处置措施

（一）保持镇静

野外碰巧与熊相遇，最好的状态是人和熊双方在较远距离时，就彼此发现对方，人主动避让熊，做到井水不犯河水。

在小路上若在较远距离与熊相遇，通常情况下熊会掉头跑掉。如果熊不跑，应站着别动，保持安静。高举双手，慢慢摇动，嘴里自言自语，不停地轻轻说话，避免与熊对视。

注意不要背对着熊。慢慢后退，随时准备停下来。如果后退让熊变得更加愤怒，暂时别动，等熊稍微安静后再慢慢后退。恐吓、驱赶、与熊对视或接近熊，都会迫使熊进入高度警惕和准备攻击状态，让它认为除了打退对手，没有其他选择。

用正常、平静的声音与熊谈话，可以说你想说的任何事情，没有证据表明熊能听懂人语，但这样做可以让你保持镇静。说些“嘿，你好。熊，很抱歉打扰你，我们马上就离开”之类的话。不要有任何企图接近熊的举动，也不要掏出照相机拍照。不做任何突然、迅速的动作。不要向熊提供任何食物。避免与熊眼睛对视。很多动物都把对视认为是挑衅与侵犯行为。

（二）绝对不要用逃跑的方式躲避熊

牢牢记住：与熊相遇时绝对不要逃跑，逃跑是“扣动”猛兽追赶你的“扳机”。美国科学家的研究表明，当人惊慌恐惧时，身体会释放出特殊的化学物质，这类物质能被嗅觉灵敏的猛兽感知，进一步刺激它们的攻击行为。熊奔跑时速可达 56km，人在短距离内根本跑不过熊。

通常情况下不要爬树，熊可以在不到 30 秒时间内爬上 30m 高的大树，因此爬树不能摆脱熊的攻击。如果熊待在那里不动，可以贴近山体内侧，使自己看起来大一些，然后慢慢后退，直到看不见熊为止，然后迅速转身离开。

（三）不要装死

装死是民间传说应对黑熊攻击行为的办法，很多专家认为这种方式应对熊的攻击基本没有作用。

（四）使用驱熊喷雾器

与熊近距离突然遭遇，熊发起攻击无法躲避，用装有辣椒水的喷射器对准熊眼睛和口鼻部位喷射，赢得逃跑时间。

（五）注意保护要害部位

如果近距离与熊遭遇，熊突然发动攻击无法躲避，应迅速俯卧在地，注意用手保护头部和眼睛，以减少熊对头部的伤害。

（六）积极与熊搏斗

云南人熊冲突的数个案例表明，人在迫不得已的情况下与熊徒手搏斗，保护自己，最后可以将熊赶走。如果遭到熊的攻击，使用手边可以找到的任何东西，如砍刀、石头、棍子、相机包、水壶等与熊搏斗，打击熊的眼睛、鼻梁等部位。

四、野外活动防熊知识

（一）放牧牛、羊

马、驴等牲口似乎对熊有特别的早期预警系统。在北美，没有一个人因骑马而被熊攻击受伤，只有几个人因马受到惊吓而从马背上摔下来。熊的活动区域很大，经常光顾村庄附近的山林。放牧时要提高警惕，随时弄出声响以示人类的存在，让熊即使发现有可捕食的家畜也心存戒备，不敢轻易攻击捕杀家畜。

放养在山上的牲畜被熊吃掉，切莫想到要报复熊，更不能熊口夺食。在放牧时遇见熊捕杀牲畜，首先要注意确保自己的安全，一头牲口的价值和和人的生命安全相比是很小的，不可因小失大。

（二）采摘蘑菇

在森林里采摘蘑菇要时刻保持警惕，注意观察周围的环境，并不时弄出响声，以此避免与熊突然遭遇。行走时应经常高声讲话、拍掌或吹口哨，通常情况下野生动物听到人声后会逃走。

在地形复杂的森林或山间行走，很容易将注意力集中看路而忽略观察周围森林里的动静。如果地形复杂要认真看路，养成每隔 1~2 分钟就停下来，察看周围情况的习惯。

（三）去庄稼地干活

不要误认为庄稼地很安全，特别是靠近森林边缘庄稼成熟的农田，常常会有熊光顾这样的地点。要认真提防在庄稼地觅食的黑熊，仔细观察和倾听，弄清没有熊活动，才能进地里干活。

（四）徒步旅游

有些人喜欢带着宠物狗徒步，专家强烈建议把狗留在家中。如果带着狗徒步，不论任何时候都应该使用结实的短牵狗带。没有狗带控制的宠物狗在徒步中会导致比较糟糕的结果。狗跑到前面发现熊，对熊吠叫甚至发起攻击，熊会给予反击，受到攻击的宠物狗夹着尾巴跑向主人，就把愤怒的熊引到主人身边。

（五）看管好儿童

有些人喜欢带着孩子在山野徒步，孩子总有逃避监护的倾向。不要让孩子独自在野外乱跑，多给予关注和控制。行走时不要把孩子留在身后，应把孩子放在中间。专家建议：教育孩子在野外活动时，不要发出尖叫声或制造听起来像猎物的声音。在任何情况下都不要奔跑。最好每人带上口笛，方便彼此联系和互相帮助。

（六）主动发出声响

若在熊活动比较频繁的地区观赏野生动植物，尽量避免在黎明和黄昏活动。随时注意观察周围环境。走近茂密灌丛或结满浆果的灌丛之前，应大声讲话。进入小路拐弯之前应先停下来，拍拍手或者叫喊几声，确定小路拐弯处没有熊，再继续前进。在秋天和晚夏季节要特别注意，这时熊忙于进食，不会注意人的接近。漫长冬季将来时，熊也会变得活跃。

在山地骑行自行车也要提防熊。由于山地自行车快而无声，增加了人熊突然相遇的可能性，也提高了激怒熊的概率。在山地自行车上增加发出响声的装置，和朋友一起骑行，把速度控制在能注意周围情况的速度。

（七）收藏好食物

野外露营要用双层塑料袋封装食物，并用绳子将食物悬挂在熊够不着的高处。放食物的地方要与帐篷有较远的距离。熊可以吃的垃圾也要用双层塑料袋封装，放在离帐篷较远的地点。

（八）携带驱熊喷射器

在熊出没地区活动，随身带着辣椒水喷射器，以备遭到熊攻击时可以使用。

五、其他防熊措施

（一）竖立警示标志

在熊经常出没活动的地点和自然保护区内熊栖息活动的地区，划定禁止进入的特别区域，树立警告标志。

（二）不在熊活动频繁的地区放牧

放牧时要有意识地避开熊经常出没活动的区域。

（三）加强宣传教育，提高社区居民防范意识

对社区居民进行宣传教育，培训讲解防范熊类伤害知识，提高居民对熊的防范意识，做到主动防范熊的伤害攻击。

（四）移去问题熊

移去问题熊取决于熊的个体及特点。经常在固定区域内惹是生非的熊，应该依据其造成的损害严重程度进行评估，对其捕捉或者猎杀。猎捕熊需要按有关规定报主管部门批准，并获得狩猎许可证。

（五）训练狗作为山区生产活动的警戒犬

经常进山放牧和采集蘑菇药材的村民，可以训练大中型工作犬作为警戒犬，在放牧、捡菌、找草药时，携狗同行。训练有素的狗能帮人提前发现熊，从而采取主动躲避措施。

（六）使用特殊装置和声响驱赶熊

在熊害频繁的地方，可以使用电网或声响制造器驱赶吃庄稼的熊、进入圈舍捕食家畜的熊；或者对圈舍进行改造加固，使熊无法捕食家畜。

（七）防熊喷射器制作

（1）原理：将辣椒水用水枪、喷头等喷射装置喷射到熊的面部，刺激其鼻子、眼睛，让其感到难受并放弃攻击，从而获得逃跑时间。

（2）工具选择：选择便携的、密封性好的、反应迅速的、能喷射距离达 5m 左右的塑料玩具水枪，或有标准接口的喷雾器元件，能接在普通矿泉水瓶喷头是比较好的选择。

（3）辣椒水的配制：实验证明，动物的眼睛对辣椒水反应较其他化学品，如氨水、酒精、醋酸等迅速，对动物不会造成长期伤害。而且辣椒容易获得，所以辣椒水是制作驱熊喷射器的首选材料。将多个干辣椒用水熬煮，然后用纱布过滤。选用辣椒越辣越好，辣椒越辣，辣椒数量越多，辣椒水刺激性就越强。为防止辣椒水变质，在辣椒水中加入适量的盐，可以保持辣椒水的刺激性长达 15 天左右。将配置好的辣椒水装入选好的辣椒水喷

射器中，装好喷头，将喷射器按钮按压几次，至辣椒水喷出为止，这样辣椒水已进入喷射器管道内，在使用时方能很快喷射出辣椒水。

(4) 使用注意事项：每次上山前检查喷射器中是否有辣椒水，辣椒水是否有足够的刺激性。将喷射器试喷几次，再装入最容易取拿的口袋中，以备遭到熊袭击时能够随时使用。

第二节　防范毒蛇伤害

人类被有毒动物咬伤中毒，毒蛇占据第一位。世界各地每年有 100 万~170 万人被毒蛇咬伤，死亡人数 1 万~4 万人。经济不发达的国家，印度、缅甸每年有上万人被毒蛇咬伤，毒蛇咬伤是印度南部居民非正常死亡的主要原因。经济发达国家被毒蛇咬伤致死的人数则要少得多，美国每年约为 20 人。中国南方是毒蛇咬伤的高发区，从事巡护、肇事现场勘查和动物调查，要注意防范毒蛇。

一、基础知识

(一) 毒蛇种类

全世界有蛇类 2200 多种，有毒蛇类约 200 种。中国有蛇类 160 多种，有毒蛇 47 种。可使人致命的毒蛇主要有金环蛇、银环蛇、眼镜蛇、眼镜王蛇、五步蛇、蝮蛇、蝰蛇、竹叶青、白唇竹叶青、莱花烙铁头等 10 余种。热带、亚热带和温带均有蛇的踪迹，但各地种类和数量不尽相同。热带地区毒蛇的种类和数量较多。

除眼镜王蛇外，其他毒蛇不会主动攻击人。毒蛇咬人多发生在人踩到蛇的身体或过于接近它时。了解毒蛇的生活习性、栖息环境和分布地域，对预防毒蛇咬伤是很重要的。云南各地常见的毒蛇有眼镜蛇、眼镜王蛇、金环蛇、银环蛇、蝮蛇、竹叶青、白唇竹叶青、莱花烙铁头等种类。香格里拉市分布有眼镜王蛇、高原蝮、莱花原矛头蝮、山烙铁头等毒蛇。

冬天毒蛇多处于冬眠状态，仅有少数蛇在天气回暖时游出洞外晒太阳，但动作十分迟缓，所以冬天被毒蛇咬伤的机会极少。春夏和秋天毒蛇活动比较频繁，要注意提防。眼镜蛇和眼镜王蛇在白天活动，金环蛇、银环蛇、烙铁头则主要在夜间活动，竹叶青、五步蛇、蝮蛇白天和晚上均活动。

(二) 蛇类运动速度

蛇的行进靠蜿蜒运动。有些短粗的小蛇可以做伸缩运动，看上去好像在迅速弹跳。普通人认为蛇游动的速度很快，其实不然。大多数蛇正常游动的速度每小时只有 1.5km 左右。少数种类运动速度可达到每小时 6km，与人快速行走的速度相近。蛇受到惊吓或攻击猎物时，运动速度会比人的步行速度略快一些。非洲的曼巴毒蛇在短时间内运动时速可达 24km，是速度最快的蛇。蛇的运动速度不快，为什么会造成蛇行动很快的错觉呢？这是因为人遇见蛇多在野外，地形复杂行走不便，再加上紧张，主观感觉误以为蛇的运动速度很快。

蛇收缩身体，将头和前半段躯体弯曲成“S”形，准备发动攻击，在其攻击距离内，蛇的速度却是非常快的。

（三）蛇的感官

蛇的视觉不发达，因为蛇眼的晶状体成圆形，不能改变曲率，只能靠晶状体前后移动调节焦距，所以视物距离很近，是近视眼。多种蛇视网膜上无视凹，只能看到运动的物体，对静止物体和运动缓慢物体不易察觉。夜间活动的蛇，在视网膜和眼球后壁的细胞中有种叫结晶鸟嘌呤的色素，在夜间微弱的光线下，这种色素可使细胞产生视觉兴奋。

蛇是聋子，对通过空气传播的声音无感受能力。蛇靠嗅觉察觉周围的环境，所以常常吐出带叉的舌头侦查环境中的气味。蛇对地面震动非常敏感。有些蛇头部两侧有一颊窝，是探测红外线的器官，蝮蛇、五步蛇、烙铁头、竹叶青均具有颊窝，竹叶青的颊窝位于眼和鼻的中间。蛇的颊窝可测出环境中千分之几度的温度变化，能轻而易举地测出恒温动物身上辐射出来的红外线，确定其方位发动攻击。

（四）有毒蛇和无毒蛇区别

一般来说毒蛇头呈三角形，尾巴短秃；无毒蛇头呈椭圆形，尾巴细长。但有些毒蛇，如眼镜蛇、金环蛇、银环蛇头部也呈椭圆形，与无毒蛇相似。一些无毒蛇也常被误认为是有毒蛇。要准确区分有毒蛇和无毒蛇，最科学的方法是将蛇捕捉后，检查口内有无大而略弯的毒牙，有毒牙的就是毒蛇。对搞不清楚是否有毒的蛇，切记不要徒手捕捉，要使用工具捕捉。

二、防范毒蛇咬伤的措施

（一）穿好衣服，打上绑腿

野外工作首先要做好预防毒蛇咬伤的防护措施。在森林和灌丛中行走，应穿戴厚实的衣服、裤子和帽子，尤其要穿好鞋袜，并把裤腿扎紧。可以穿上布袜子，将裤脚套在布袜里面，外面再打上绑腿。这样防护后，脚部被毒蛇咬伤的可能性很小。

栖息在树上的竹叶青之类的毒蛇，颜色与树叶相似，难以分清。穿越树林时，最好戴上宽边大沿的草帽或毡帽，以防头部被咬。如无帽子，可以临时用布或树叶制作一顶。

（二）打草惊蛇

多数毒蛇不会主动攻击人，它们对地面震动特别敏感。可以用手杖、木棍敲打地面探路，将蛇赶走。

（三）看清道路再走

对横在路上可以一步跨越的树干，切记不要一步跨过。应先站上树干，看清楚树干后面的情况再走。因为蛇爱躲在倒树下休息，一步跨过很可能踩上蛇身被咬。坐下来休息时，先用木棍将周围草丛打几下，确定没有蛇藏身其中，才能坐下休息。

常有蛙类活动的山溪、草丛，也是蛇类经常出没的地方。竹叶青毒蛇喜在灌丛中活动，颜色与环境相似，在这些地方活动尤其要小心观察。

（四）小心对付主动攻击人的毒蛇

如果野外遇到眼镜王蛇主动攻击，可用拐杖、木棍、树枝与其搏斗，伺机将其打死。眼镜蛇和眼镜王蛇与人对峙时，颈部扁平，身体竖立，发出“嘶、嘶”的威胁声。这两种蛇极端愤怒时，能够喷射毒液达 2m 远。毒液溅到身体上没关系，但溅到眼内或伤口，便会进入血管引起中毒，一定要小心。人蛇对峙时，如果人不动，蛇通常不会主动攻击。只要人有明显动作，蛇就会发起进攻。可以轻轻地、缓慢地拿出某个物体向一边抛去，转移蛇的注意力，引诱蛇向一边扑去，这时方可逃走或设法打死它。

（五）夜间活动携带灯具与急救药品

在毒蛇活动频繁的地区和季节，夜间野外行走应带上手电，千万不可摸黑走夜路。摸黑走夜路很容易因看不见蛇，踩到蛇后被蛇咬伤。注意不用火把照明，有颊窝的毒蛇能感应到火把的红外线，误以为是猎物而进行攻击。

（六）使用化学物质驱避毒蛇

蛇的嗅觉比较灵敏，对强烈挥发性气味总是躲避。为了阻止毒蛇闯入某些地方，如保护站点的住宅、厕所、野外营地、帐篷等处，可以用雄黄、硫黄粉末、捣碎的蒜头撒在周围。用煤油在帐篷周围地上浇上一圈，是野外防范毒蛇最常用的办法。

三、毒蛇咬伤的判断

（一）确认是何种蛇类咬伤

无论是被毒蛇还是无毒蛇咬伤后，都会留下“八”字形的牙痕。如系毒蛇所咬，伤口前端有两个比其他牙痕显著要大的毒牙痕迹。确定是毒蛇咬伤，还要辨认蛇的种类，如识别不出，可将蛇打死带回或拍摄照片，以便医生治疗时推断、确定种类。

（二）毒蛇咬伤后急救处理

被毒蛇咬伤后，不要做剧烈运动，如奔跑或哭喊等。这样做的结果会加速血液循环，加快中毒速度。被毒蛇咬伤后，通常要几小时或好几天才会使人致死。毒蛇咬人之后五步之内，百步之内人就会死的说法没有科学根据。

被毒蛇咬后有时伤口剧痛，有时却并不很痛，这是因为毒蛇的毒液因种类不同分为血循毒、神经毒和混合毒 3 类。神经毒麻痹人的神经，所以不太疼。银环蛇的毒液就是神经毒，被咬后伤口不疼，容易被忽视。遇到毒蛇咬伤伤口不痛的情况，千万不可麻痹大意。下面介绍 9 种常见毒蛇咬伤的症状：

（1）眼镜蛇咬伤：伤口麻木流血，伤口周围感觉过敏，常有大小水泡，容易形成溃疡。被咬后 1~2 小时开始出现心慌、无力、嗜睡、上眼睑下垂、瞳孔缩小、胸闷、恶心、呕吐、腹痛、腹泻等症状，严重的发生呼吸困难、四肢抽搐等症状。

（2）眼镜王蛇咬伤：症状与眼镜蛇咬伤基本相同，但因眼镜王蛇个体大、毒液多，因此中毒程度会更严重。

（3）金环蛇咬伤：伤口麻木、肿胀、疼痛、局部皮肤呈荔枝皮样，可能出现头痛、头昏、嗜睡、视物模糊、关节和肌肉疼痛等症状。

（4）银环蛇咬伤：伤口麻木但不肿胀，仅有轻度疼痛。几小时后可出现头晕眼花、耳鸣嗜睡、呼吸困难、肌肉麻痹甚至瘫痪等症状。

（5）五步蛇咬伤：伤口流血不止，异常疼痛，局部严重肿胀，出现许多水泡或血泡。严重者还发生坏死，皮肤可出现瘀斑，并伴有呕血、便血、血尿等症状，容易发生休克。

（6）竹叶青咬伤：症状与五步蛇相似，但伤口一般有烧灼痛，全身症状比较轻。

（7）烙铁头蛇咬伤：症状与竹叶青咬伤相同，但常伴有头晕、恶心、呕吐、视物不清、意识蒙胧等症状。

（8）蝮蛇咬伤：伤口周围皮下瘀血水肿，疼痛明显，逐渐向肢体上部蔓延甚至到躯干，常有水泡，但流血少。被咬伤后患者即可出现头晕眼花，逐渐出现复视、上眼睑下垂等症状。严重者出现嗜睡、肌肉痛、张口困难、呼吸困难、呼吸急促甚至麻痹、心慌、血红蛋白尿、尿少或无尿等症状。

（9）蝰蛇咬伤：伤口剧烈疼痛，有瘀斑。4~5 小时后可出现尿血、便血、口鼻出血，重者全身瘫痪。

四、毒蛇咬伤后急救处理

被蛇咬伤后，应立即确定是毒蛇咬伤还是无毒蛇咬伤。若是毒蛇咬伤，立刻采取以下措施来防止毒液被身体吸收，并设法排除毒液和抑制蛇毒作用。

（一）立即在伤口上方向心端结扎

用止血带或绳子结扎，阻止毒素蔓延到其他部位。结扎的松紧程度，以阻断淋巴管和静脉的血流，不妨碍动脉供血为宜，这样伤口周围形成瘀血区便于冲洗。结扎应在被蛇咬后立即进行，越快越好。被咬后 30 分钟再结扎已无作用。如果有条件，伤部可用冰敷，减慢毒素吸收。结扎每隔 15 分钟松开 1~2 分钟，以防局部缺血，待做彻底排毒以后方可除去。

（二）清洗伤口

结扎后立即用淡盐水、高锰酸钾溶液、温开水或清水冲洗伤口。若有毒牙残留在伤口里，设法除去。不建议用切开伤口的方法排毒，因为普通人很难精准操作。经过冲洗后可以用针在伤口周围扎些小孔，使血液和组织液从中流出，组织液中排出的毒素要比血中排出的多，再次进行冲洗。也不提倡用口吸吮毒液，因口中常有小块黏膜破伤，不易察觉。可以用拔火罐的方法吸出毒液。

（三）伤口敷药

为了抑制蛇毒的作用，经过处理后立即服用蛇药，伤口用蛇药外敷。药店里可以买到的蛇药是季德胜蛇药片。

也可采集七叶一枝花、半边莲等中草药服用及外敷。下面是几种常用的治疗毒蛇咬伤的中草药形态特征和使用方法：

七叶一枝花：生长于森林树荫下和山沟边，为百合科多年生草本植物，叶多为 7 片，顶生一花为黄绿色。根茎磨汁外涂，也可将 70g 根茎研碎内服。

半边莲：生长于河边、田坎等潮湿的地方，茎细软，匍匐地面或直立，每节具地生根，叶互生，叶边有稀锯齿，开淡红色或紫红色的半边花。用 10g 全草煎服，也可捣碎后外敷于伤口周围。

鸭跖草：又名竹叶菜、兰花草。叶子像竹叶，花蓝色，生长于潮湿的山沟、溪边。节上生根，茎的下部匍匐于地面，上部直立，叶互生，为 1 年生草本植物。可用鲜草敷伤口，全草可水煎服。

白花蛇舌草：又名蛇总管。生长在潮湿地上。茎细而有纵棱，叶线形，对生。花白色，单生或两朵同生于叶腋中，为 1 年生草本植物。采用全草煎服或外敷。

（四）迅速去医院就诊治疗

做完上述处理后，应尽快去医院就诊治疗。

第三节　防范毒蜂伤害

野外工作容易遇到毒蜂叮咬，被蜂蜇过之后，因中毒引起不适，经过一段时间可以逐渐痊愈。但对蜂毒过敏的特异体质者，轻微蜇伤即可能发生休克，甚至危及生命。近年来，胡峰蜇人致死案例逐渐增多，陕西省镇康县就发生数百起胡峰蜇人案，导致十余人死亡。云南近年来蜂蜇致人死亡案例也时有发生。自然保护区工作者需要学习一些防范毒蜂的知识。

一、基础知识

（一）毒蜂种类与习性

毒蜂包括蜜蜂科的所有种，但通常所说的毒蜂指胡蜂科的各种成员。昆虫纲膜翅目细腰亚目针尾部总科的各种蜂统称为胡蜂，俗名葫芦蜂、七里蜂、黄蜂、雷蜂、土蜂。全世界已知胡蜂约有 5000 种，中国记载 200 余种，主要有大胡蜂、小胡蜂、青花胡蜂、金环胡蜂、墨胸胡蜂和黄蜂等种类。胡蜂身体多呈黑、黄、棕三色相间，有的也呈单一体色。胡蜂为群居性杂食昆虫，食性广，嗜食甜性物质。雌胡蜂腹部 6 节，末端有由产卵器形成的螯针，上连毒囊，毒液由此分泌，毒性较强。

蜜蜂蜇人后把毒刺留在刺伤处，不能再蜇人；胡蜂蜇人后，毒刺缩回，可以继续蜇人。

（二）蜂毒特性

蜂毒是由工蜂的毒腺分泌的一种淡黄色透明液体，其化学成分极其复杂，含有水分、多种多肽、酶、生物胺、胆碱、甘油等物质和 19 种游离氨基酸等。在组成蜂毒的多肽类物质中，蜂毒肽的含量最高，约占干蜂毒的 50%。蜂毒肽是强烈的心脏毒素，具有收缩血管的作用，同时蜂毒的血溶性极强，对心脏的损害极大。人被蜇后，普遍出现头痛、恶心、呕吐、发热、腹泻、气喘、气急、呼吸困难等诸多症状，严重者出现肌肉痉挛、昏迷不醒、溶血、急性肾功能衰竭等症状。

蜂毒中含有蚁酸、组织胺、溶血毒素和神经毒素，可使蜇伤局部红肿，使凝血时间延长，沿神经分布有放射性疼痛。不同种类的蜂毒，毒性不一样，蜜蜂类的毒性较小，而黄蜂、胡蜂的毒性较强。被毒蜂蜇伤一般几小时后症状即可减缓，2~3 天后症状消失。但是如果身体多处受蜇，有可能出现全身症状，如头晕、恶心、发热、烦躁不安等。对蜂毒过敏的特异体质者，轻微蜇伤即可能发生过敏性昏迷休克，甚至危及生命。如不及时救治可能因呼吸系统或肾脏系统衰竭而死亡。

二、遭蜂攻击原因

（一）穿着鲜艳服装

身着鲜艳服装的人容易遭蜂攻击，身穿红色、黄色和橙色服装，因其颜色与花的颜色类似，人移动时与附近的地物产生强烈对比的色差，吸引蜂类注意，最后导致被蜇。

（二）杀死巡逻蜂招致攻击

人们在山野行走时，无意间拨开草叶、树枝，这些枝叶的晃动，会吸引胡蜂群的巡逻蜂注意，趋前探查。倘若前行的人，用手或树枝在空中挥舞，在巡逻蜂看来是威胁与攻击的动作。若将巡逻蜂拍死拍伤，受伤或死亡的巡逻蜂释放出特殊的化学激素，吸引其他巡逻蜂注意，引发攻击，甚至导致整个蜂群发动攻击。

（三）震动蜂巢遭蜂群攻击

人们行走时的脚步与地面的震动，会造成在地表或地下筑巢的蜂群躁动不安，结果常常是尚未看见巡逻蜂飞出，整个蜂群就蜂拥而至，发动大规模攻击。

（四）特殊气味引来毒蜂攻击

带有盐味的汗水或动物的血水、唾液、水果的香味、肉类的残余味道，经常会吸引肉食的胡蜂注意，前来觅食，从而引发对人攻击。蜜蜂因需要获取一定矿物质，也会叮咬人流汗的皮肤，或者在有汗渍的衣服上停留取食，导致攻击人的行为发生。

（五）阻挡蜂路遭蜂攻击

春季与秋季是蜂群繁殖与迁巢的季节，此时，它们会扩大巡逻领地，性情较其他季节更为凶狠。如果在其巢穴附近活动，阻挡了它们出巢或回巢的飞行路线，都会引起蜂群的攻击。

三、野外主动防范

（一）避开蜂巢和蜂飞路线

胡蜂或蜜蜂攻击路过的人，主要原因是人太接近它的巢穴所致。胡蜂群的巡逻蜂警戒范围，距离巢穴 15~25m。野外工作注意避开蜂巢。被蜂蜇伤大多是不慎触动蜂窝或挡住蜂路引起的。蜂洞多在树枝上、树洞或石洞中，在林中行走时注意不要触动蜂窝。

（二）不要击杀在身边飞舞的游蜂

靠近蜂巢会引起巡逻蜂注意，有特殊气味的衣服和食物也会吸引蜂类前来。这时如果击杀蜂类，巡逻蜂就会视为敌意威胁，进而引发蜂群攻击，蜂群攻击时甚至可追击到距蜂巢 100m 远处。

四、被蜂攻击时逃离方法

遭遇蜂群大规模攻击时，自救的方法就是快速奔跑，离开它的势力范围。要顺风跑，往山下跑。因为逆风跑只会让自己的气味往后送，有利于蜂群追踪。

逃跑时若有其他衣物，可先高举在头顶上挥舞，吸引蜂群，然后将衣物往其他方向抛出，以便诱导蜂群离开。万一不小心触碰到蜂窝，惊扰蜂群飞起，应立即蹲下，身上用衣服或其他布料包裹遮盖，尤其是头部更需防护好。千万不可乱跑、乱拍打，待蜂群归巢恢复平静后，再缓慢小心离开。

五、蜇伤处理与简易治疗

（一）蜜蜂蜇伤处理

蜜蜂蜇伤后，蜇针会留在皮肤内，并带有毒腺。先小心用镊子把螫针拔出，去除螫针时不要挤压毒腺，以免毒液注入皮肤内。蜜蜂蜂毒为酸性，蜇伤处可用 5%～10%的碳酸氢钠溶液或 3%的氨水、肥皂水洗涤伤口。若找不到这些药品，可在蜇伤处涂抹唾液以中和毒素。如果没有碱性液体，则用干净的清水冲洗伤口。

（二）其他蜂蜇伤

黄蜂、胡蜂蜇后皮肤内不会留下螫刺。黄蜂的蜂毒为碱性，若是被黄蜂蜇伤，可用食用醋洗涤处理伤口及外敷，然后用力掐住被蜇伤的部分，用嘴反复吸吮毒素。若被毒性猛烈的大胡蜂蜇伤，可用季德胜蛇药片或南通蛇药涂抹或外敷，同时口服蛇药片。伤口周围外涂消炎化瘀的中草药，将新鲜的蒲公英、紫花地丁、七叶一枝花、半边莲、青苔、夏枯草洗净捣烂外敷伤处。

此外，还要多喝开水，以加快毒素的排泄。为防止继发感染可口服抗生素，然后尽快送医院治疗。若被成群蜂蜇伤后，必须即刻送医疗条件较好的大医院治疗。

被蜂蜇的部位，野外宿营时应避免烤火，否则会因烤火受热，蜂毒顺毛细血管循环扩散，导致患处更加肿胀。

（三）体质过敏者蜇伤处理

过敏者被蜂蜇后通常出现头晕、头痛、神情不安等症状。轻度过敏者症状一般可在数小时内消失；严重过敏者可能发生严重中毒反应，出现呼吸困难麻痹而死亡。轻度过敏者可口服抗组织胺剂，也可用盐酸苯海拉明脱敏；严重过敏者需注射肾上腺素。有些人虽然对蜂蜇不过敏，但若因群蜂多处蜇伤，体内蜂毒过多，也会表现出过敏症状。对过敏反应者应尽快送医院请医生治疗。胡蜂蜇伤中毒，还可引起溶血性急性肾功能衰竭及肝脏损害等，应去医院检查是否有肝肾功能异常。

（四）其他临时急救措施

如果身边没有药物，甚至没有食用醋，可在患处用力涂抹柠檬、橙子等水果，酸性越强效果越好，酸性不强的也有一定效果。如果没有水果，又不认识解毒草药，可就地采摘一些酸性的草本植物涂抹。民间有人用人奶治疗蜂蜇的验方颇有效果。野外可以用携带的纯牛奶擦洗伤口，能吸收中和一些毒素。

有全身症状者，采取上述措施后应多饮水，加快毒素排泄。万一发生休克，在通知急救中心或去医院的途中，要注意患者保持呼吸畅通，进行人工呼吸、心脏按压等急救处理。

被蜂蜇伤 20 分钟后无特殊症状者通常可以放心，否则切莫掉以轻心。

东方白鹳

黑鹳

白琵鹭

黑头白鹮

大天鹅

斑头雁

赤麻鸭

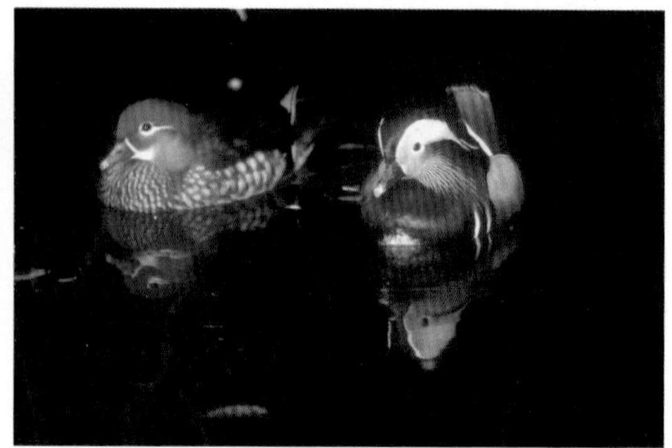

鸳鸯

鹗

黑鸢

白尾海雕

胡兀鹫

高山兀鹫

凤头蜂鹰

秃鹫

草原雕

苍鹰（雄鸟）

雀鹰

普通鵟

大鵟

白肩雕

金雕

白尾鹞

白尾鹞（雄鸟）

红隼

灰背隼

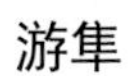

游隼

斑尾榛鸡（雌鸟）

淡腹雪鸡

黄喉雉鹑

高原山鹑

血雉（雌鸟）

血雉（雄鸟）

白马鸡

红腹角（雉鸟）

勺鸡（雄鸟）

黑颈长尾雉（雄鸟）

白腹锦鸡（雄鸟）

雉鸡（雄鸟）

黑颈鹤

灰鹤

雕鸮

短耳鸮

大紫胸鹦鹉

灰头鹦鹉

白腹黑啄木鸟

黑啄木鸟

中华蟾蜍

双团棘胸蛙

眼镜王蛇

王锦蛇

高原蝮

菜花原矛头蝮

山烙铁头蛇

猕猴

中华穿山甲

林麝

高山麝

毛冠鹿

赤麂

水鹿

斑羚

中华鬣羚

狼

豺

赤狐

貉

黑熊

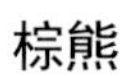

棕熊

小熊猫

黄喉貂

石貂

水獭

大灵猫

小灵猫

斑灵狸

云猫

猞猁

金猫

金钱豹

雪豹

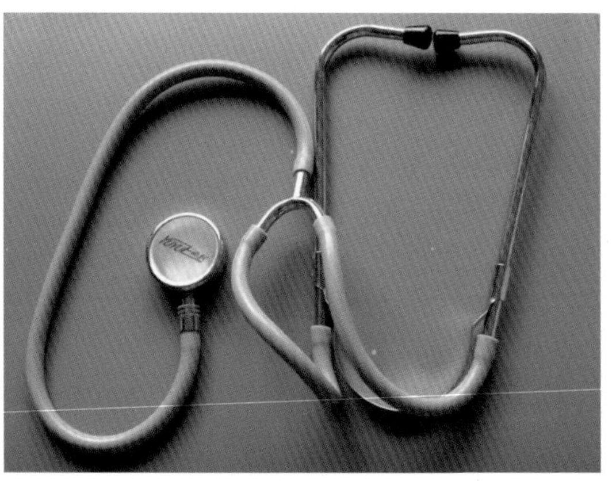

听诊器

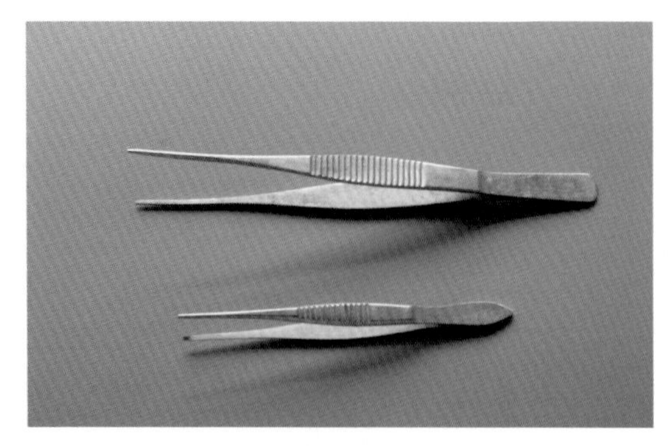

敷料镊

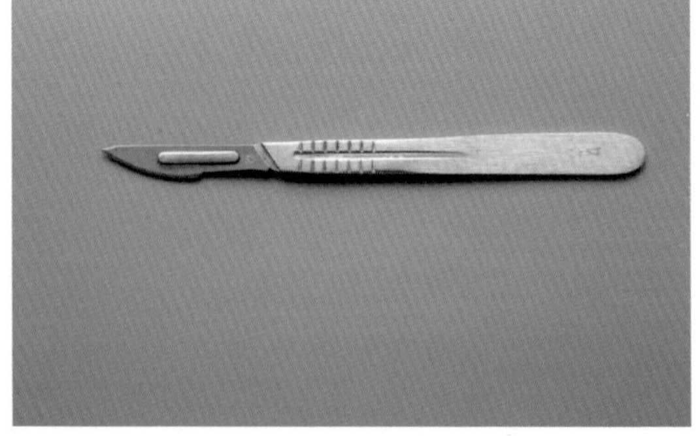

手术刀

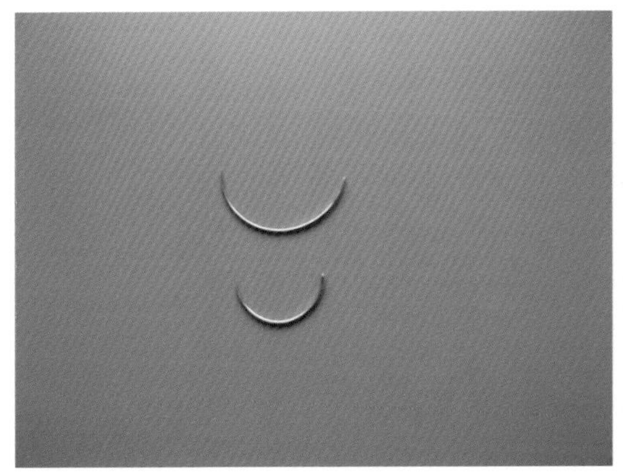

手术缝合针

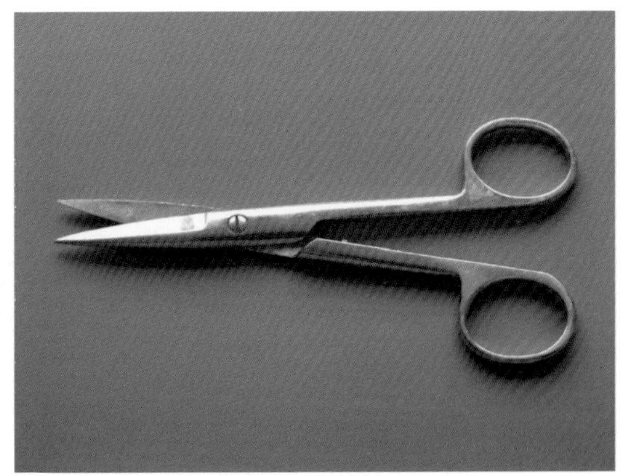

手术剪

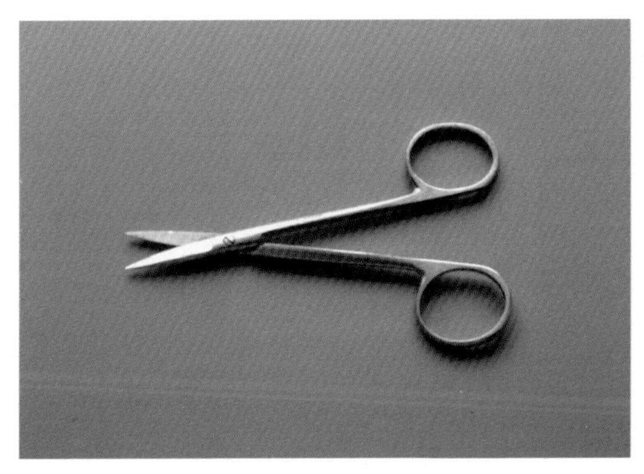

眼科剪

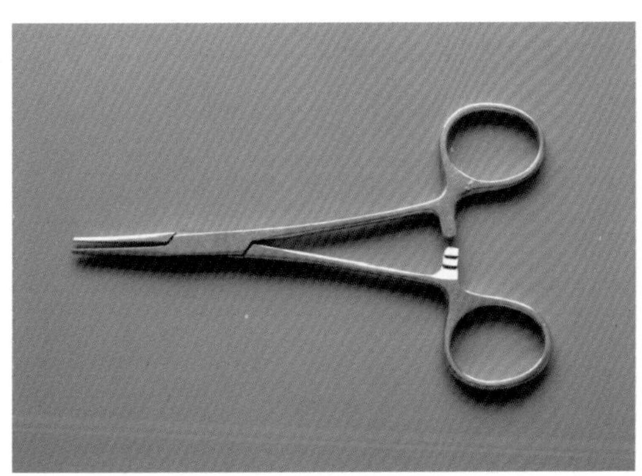

止血钳

鹫类脚底损伤

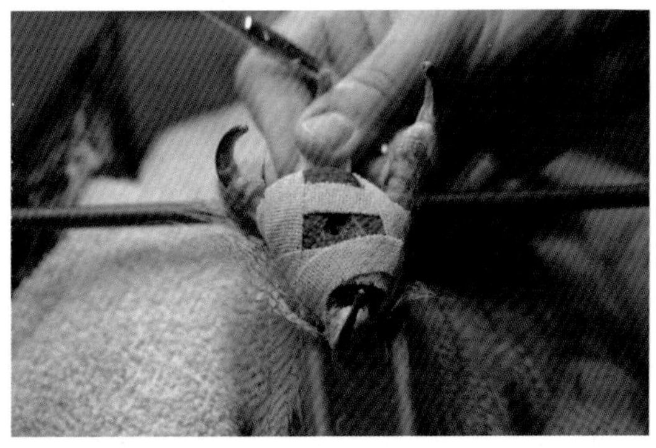

鹫类脚底伤部的包扎

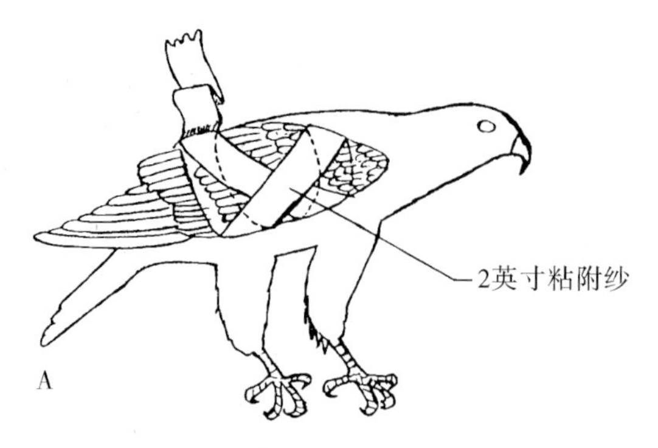

猛禽翅膀骨折包扎示意图（一）

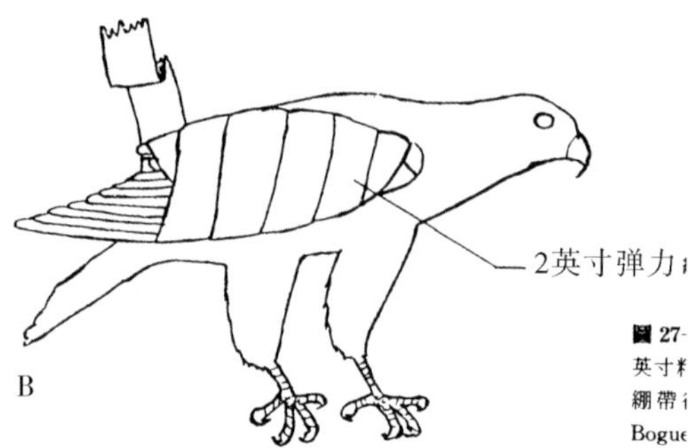

猛禽翅膀骨折包扎示意图（二）

猛禽翅膀骨折处理（一）

猛禽翅膀骨折处理（二）

猛禽翅膀骨折处理（三）

猛禽翅膀骨折处理（四）

猛禽翅膀骨折处理（五）

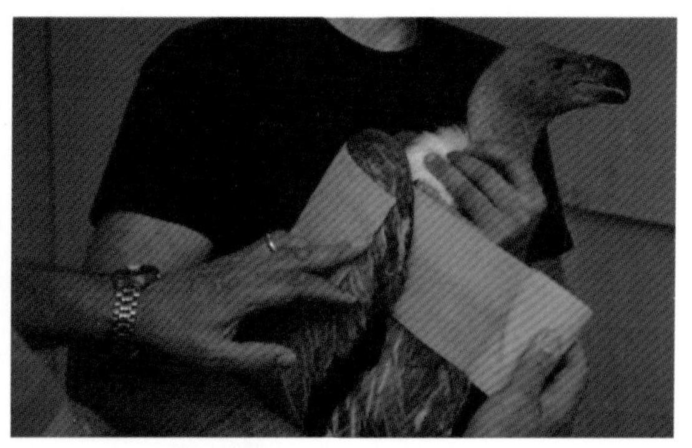

猛禽翅膀骨折处理（六）

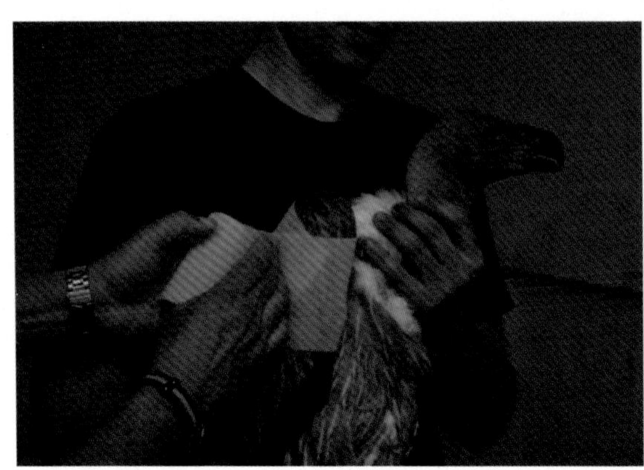

猛禽翅膀骨折处理（七）

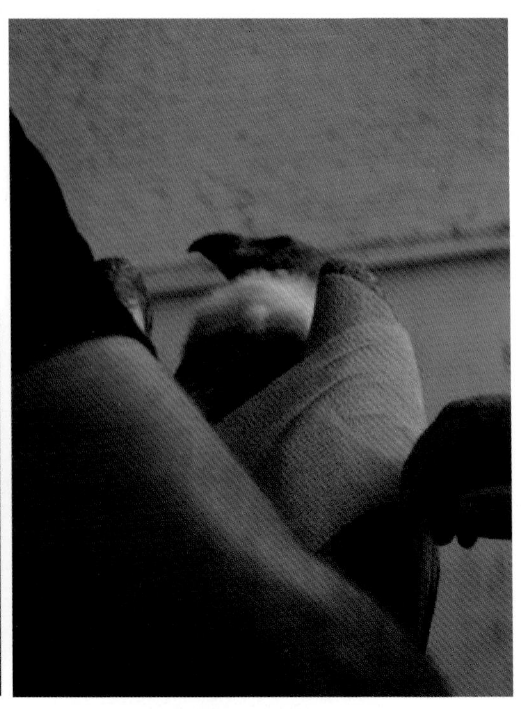

猛禽翅膀骨折处理（八）

猛禽翅膀骨折处理（九）

用注射器和橡胶软管组成的喂食器给猛禽喂食
半流体食物

隼类抓握方法（一）

隼类抓握方法（二）

隼类抓握方法（三）

秃鹫抓握方法（一）

秃鹫抓握方法（二）

秃鹫抓握方法（三）

鹰类抓握方法

救助人员戴皮手套防止猛禽抓伤

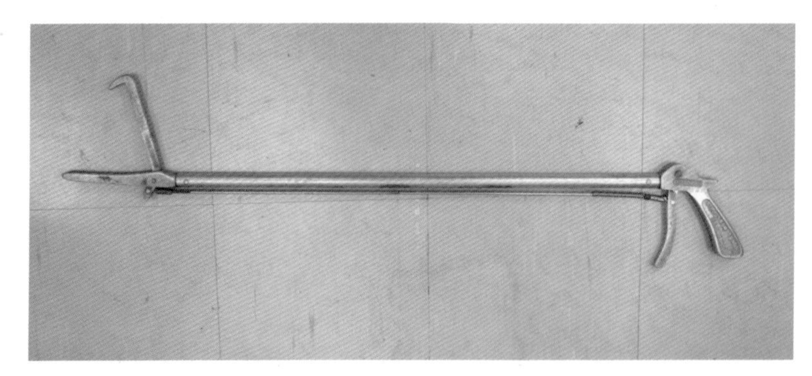

捕蛇钳

大型蜥蜴的手抓方法

使用蛇钩移动蛇

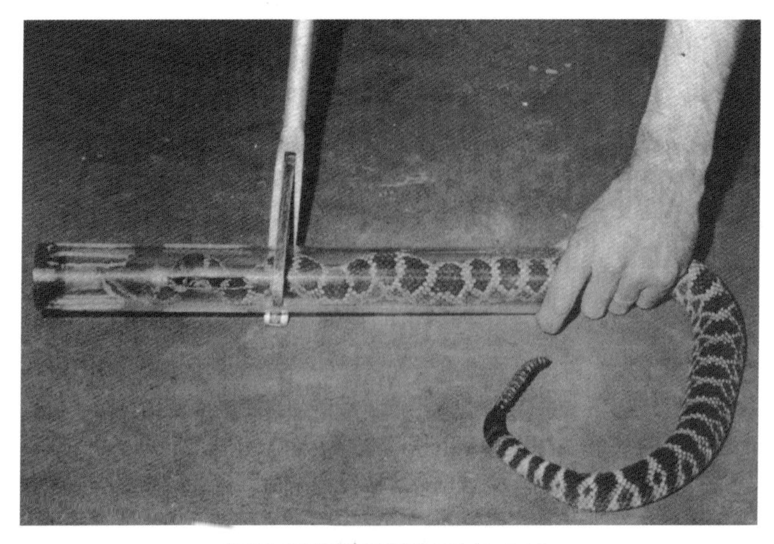

用透明塑料管控制蛇的方法

鸫类抓握方法（一）

鸫类抓握方法（二）

蜡嘴雀抓握方法

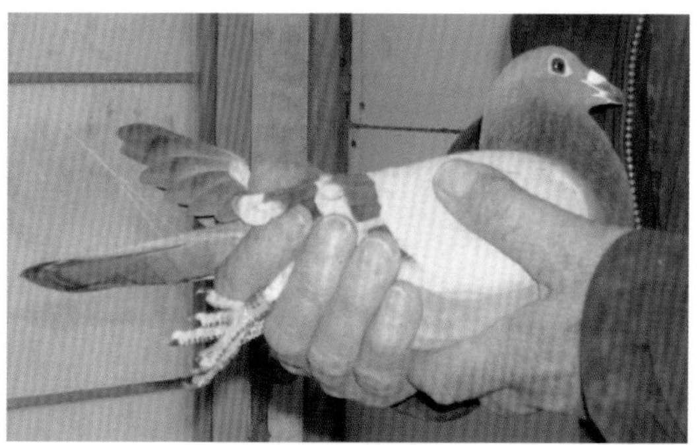

鸠鸽抓握方法

雀类抓握方法（一）

雀类抓握方法（二）

雀类抓握方法（三）

雀类抓握方法（四）

雀类抓握方法（五）

雀类抓握方法（六）

雀类抓握方法（七）

雀类抓握方法（八）

雀类抓握方法（九）

莺类抓握方法（一）

莺类抓握方法（二）

鸦类抓握方法

燕类手抓方法（一）

燕类手抓方法（二）

鹦鹉抓握方法（一）

鹦鹉抓握方法（二）

鹦鹉抓握方法（三）

鹤的抓握方法

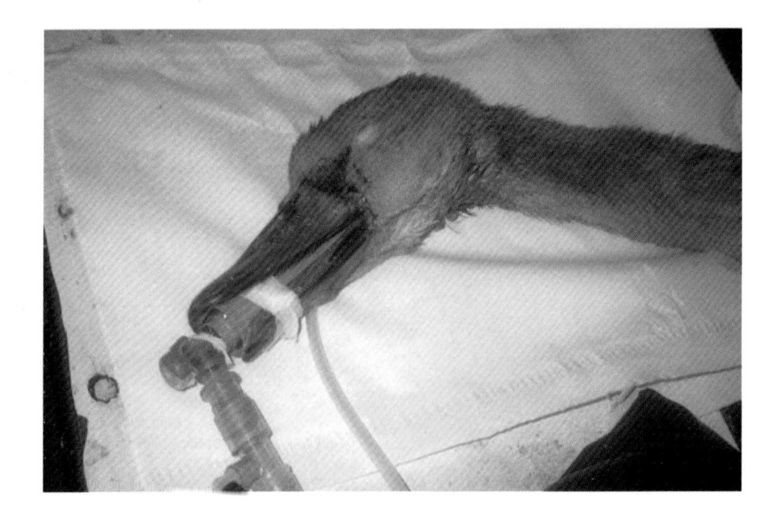

救助天鹅喂食流体食物

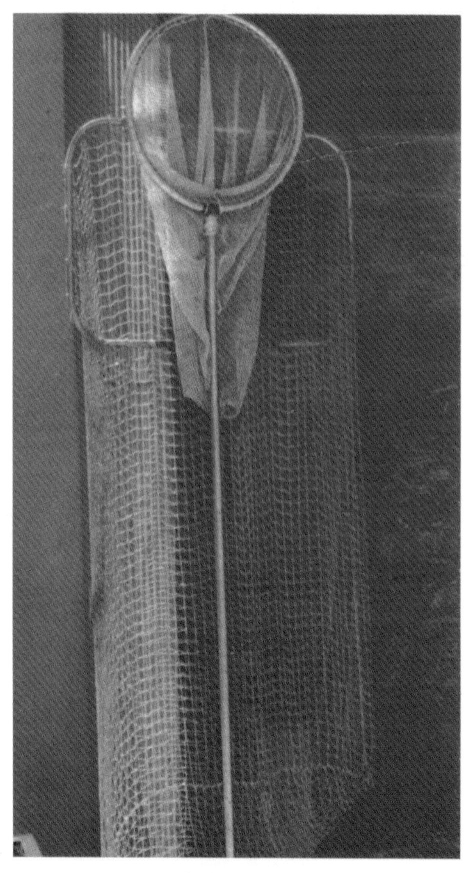

手抄网（一）

手抄网（二）

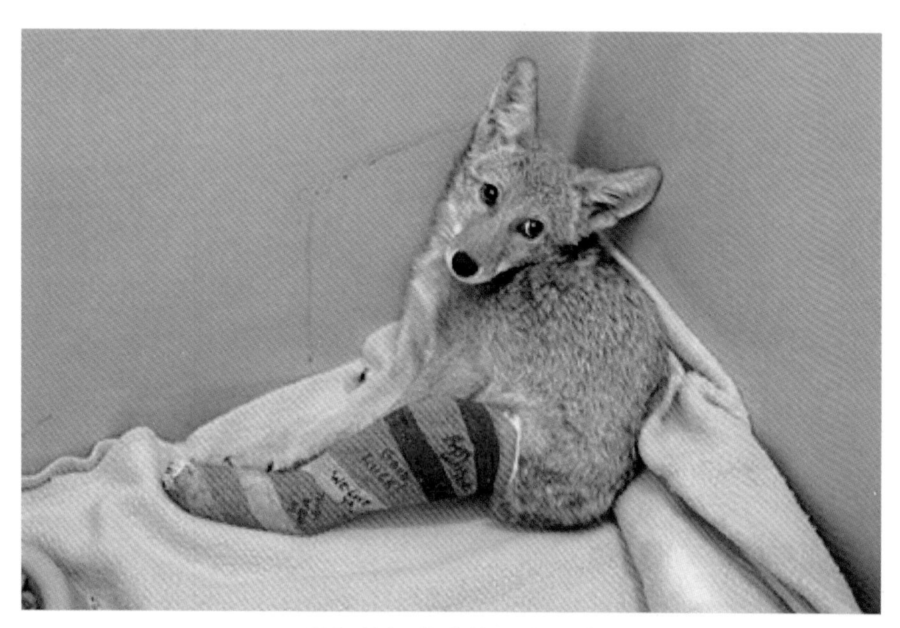

腿部骨折兽类的石膏固定

套索杆

用套索杆固定野猪

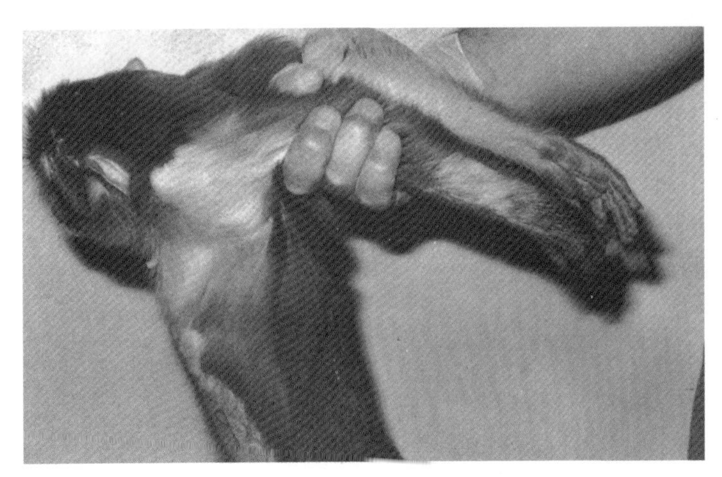

猴子手抓方法

犬类手抓方法

猫类手抓方法（一）

猫类手抓方法（二）

兔类手抓方法（一）

兔类手抓方法（二）

鼠类手抓方法（一）

鼠类手抓方法（二）

鼠类手抓方法（三）

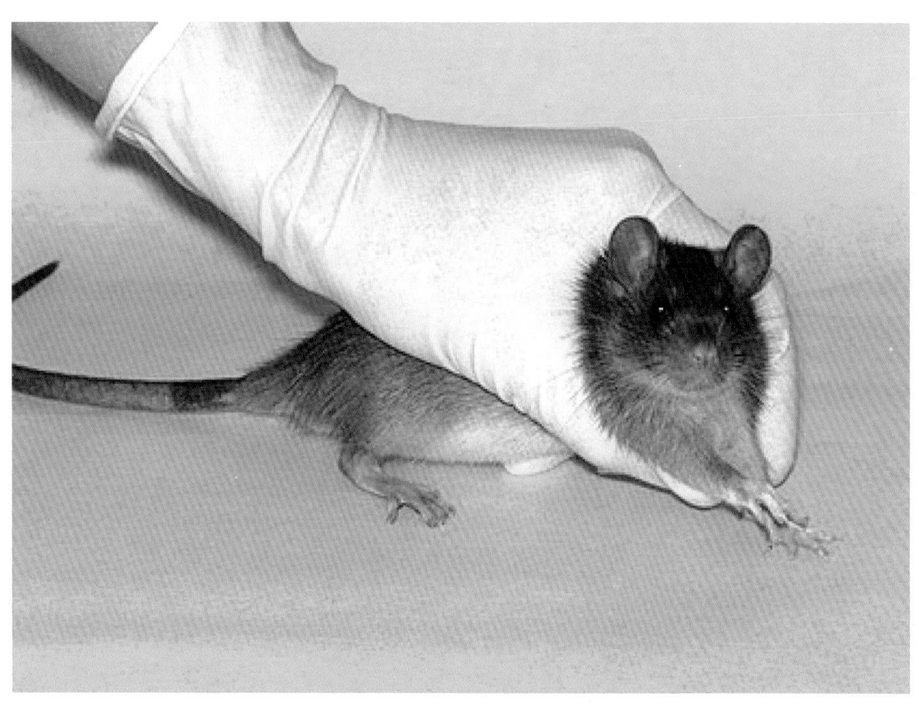

鼠类手抓方法（四）

鼬类手抓方法（一）

鼬类抓握方法（二）

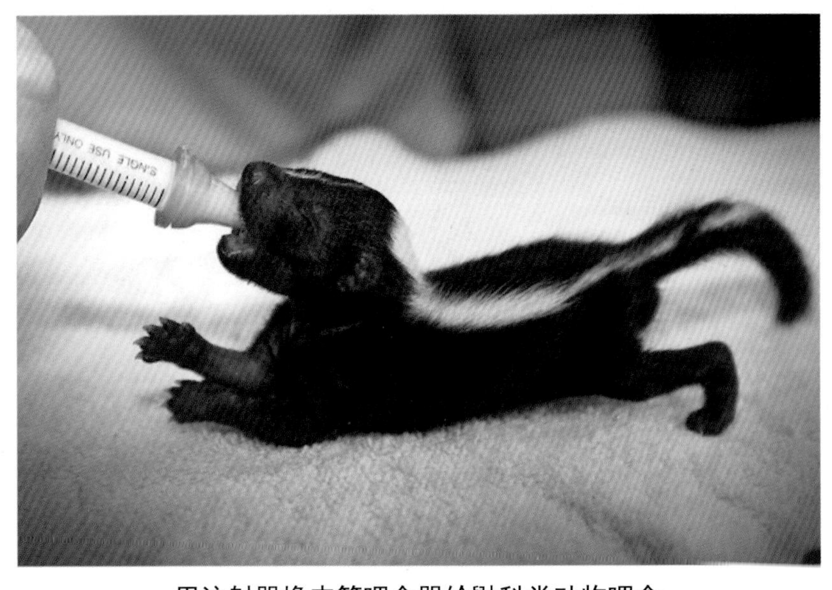

用注射器橡皮管喂食器给鼬科类动物喂食

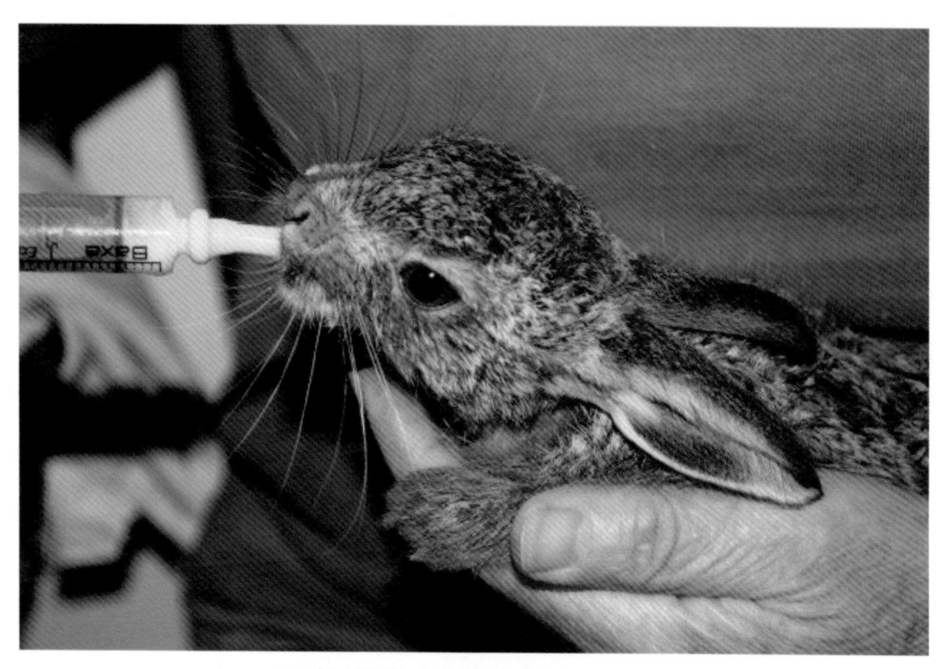

用注射器橡皮管喂食器给野兔喂食

骨折兽类的固定与喂食

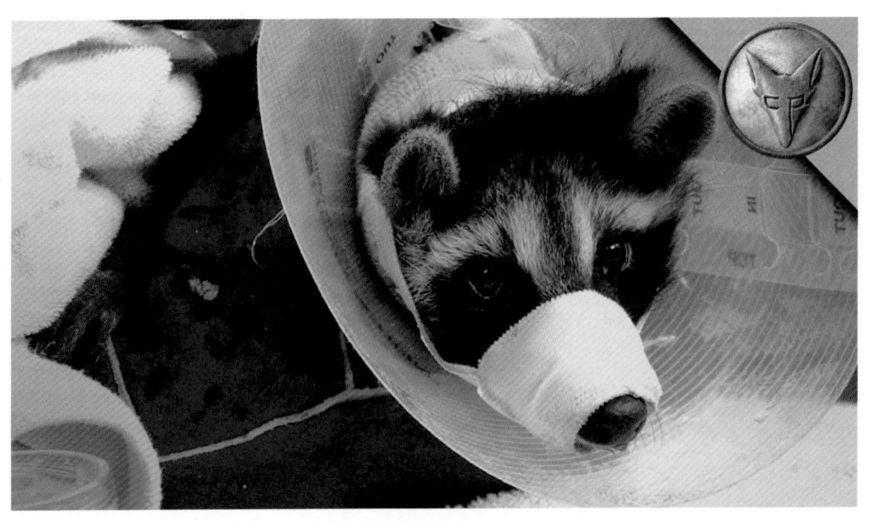

犬科动物救治时的口套

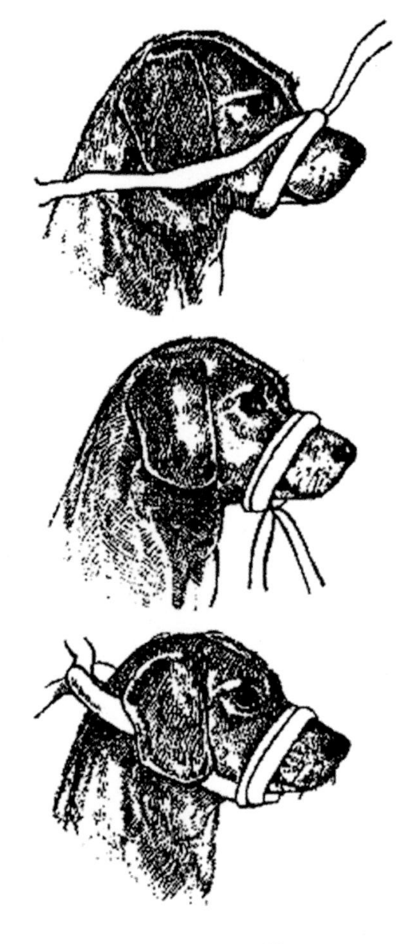

救助犬科动物用绳子做的临时口套

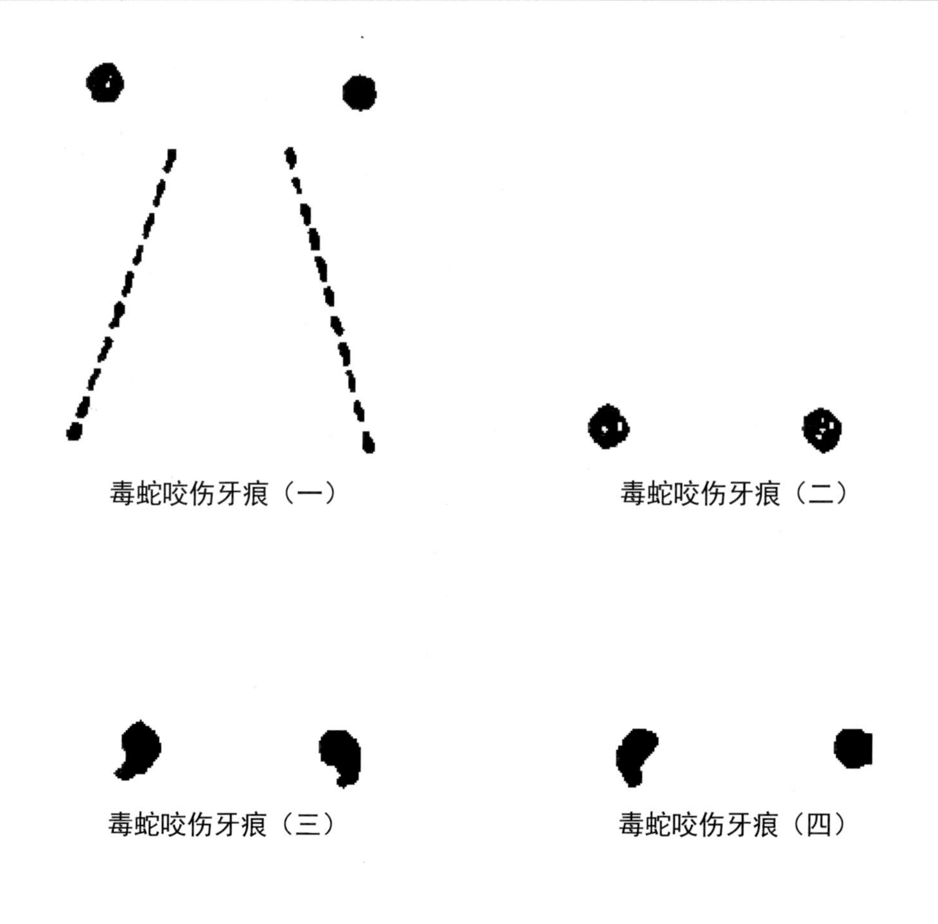

毒蛇咬伤牙痕（一）　　毒蛇咬伤牙痕（二）

毒蛇咬伤牙痕（三）　　毒蛇咬伤牙痕（四）

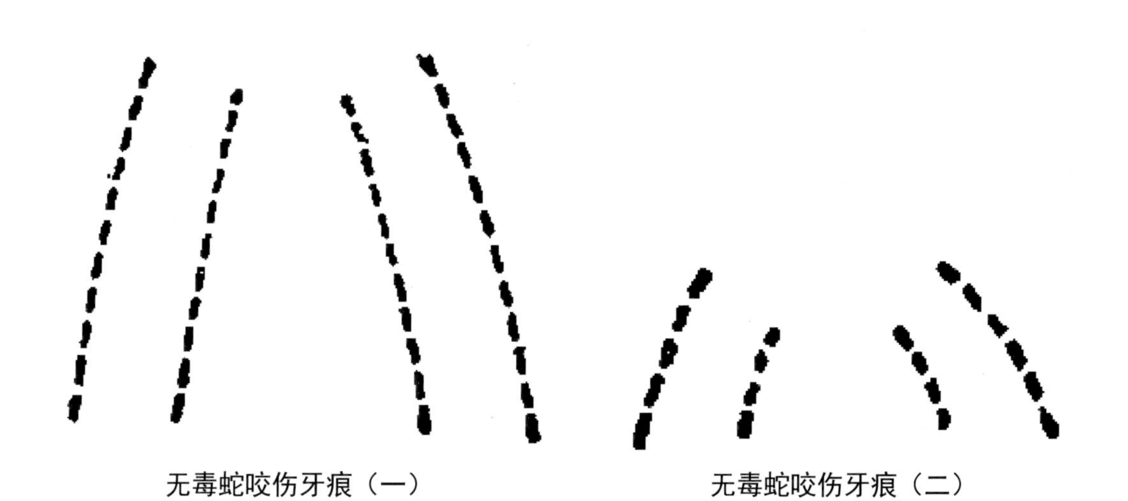

无毒蛇咬伤牙痕（一）　　无毒蛇咬伤牙痕（二）

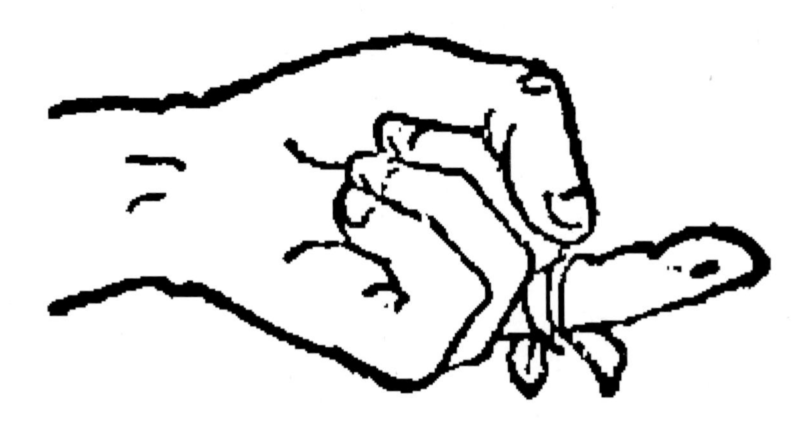

手指咬伤结扎部位示意图

手臂被咬结扎部位示意图

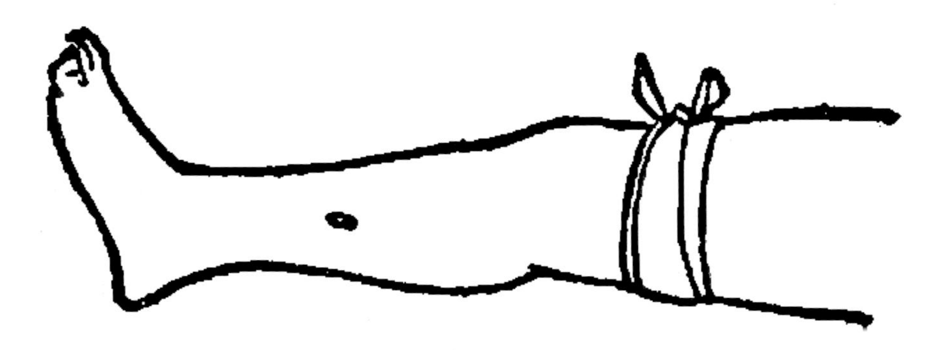

小腿被咬结扎部位示意图

白花蛇舌草

半边莲

七叶一枝花

鸭跖菜